上海市工程建设规范

城镇排水管渠在线监测技术标准

Technical standard for online monitoring of urban drainage pipes and channels

DG/TJ 08—2445—2024

J 17506—2024

主编单位：上海市政工程设计研究总院(集团)有限公司
　　　　　上海市排水管理事务中心
批准部门：上海市住房和城乡建设管理委员会
施行日期：2024 年 9 月 1 日

U0274337

同济大学出版社

2024　上海

图书在版编目(CIP)数据

城镇排水管渠在线监测技术标准 / 上海市政工程设计研究总院(集团)有限公司,上海市排水管理事务中心主编. --上海：同济大学出版社,2024. 8. -- ISBN 978-7-5765-1238-0

Ⅰ. TU992.4-65

中国国家版本馆 CIP 数据核字第 2024MY0221 号

城镇排水管渠在线监测技术标准

上海市政工程设计研究总院(集团)有限公司
上海市排水管理事务中心　　　　　　主编

责任编辑　朱　勇
责任校对　徐春莲
封面设计　陈益平

出版发行　同济大学出版社　　www. tongjipress. com. cn
　　　　　(地址:上海市四平路 1239 号　邮编:200092　电话:021－65985622)
经　　销　全国各地新华书店
印　　刷　浦江求真印务有限公司
开　　本　889mm×1194mm　1/32
印　　张　3
字　　数　75 000
版　　次　2024 年 8 月第 1 版
印　　次　2024 年 8 月第 1 次印刷
书　　号　ISBN 978-7-5765-1238-0
定　　价　35.00 元

上海市住房和城乡建设管理委员会文件

沪建标定〔2024〕117 号

上海市住房和城乡建设管理委员会关于批准《城镇排水管渠在线监测技术标准》为上海市工程建设规范的通知

各有关单位：

由上海市政工程设计研究总院（集团）有限公司、上海市排水管理事务中心主编的《城镇排水管渠在线监测技术标准》经我委审核，现批准为上海市工程建设规范，统一编号为 DG/TJ 08—2445—2024，自 2024 年 9 月 1 日起实施。

本标准由上海市住房和城乡建设管理委员会负责管理，上海市政工程设计研究总院（集团）有限公司负责解释。

上海市住房和城乡建设管理委员会

2024 年 3 月 7 日

前　言

根据上海市住房和城乡建设管理委员会《关于印发〈2022年上海市工程建设规范、建筑标准设计编制计划〉的通知》(沪建标定〔2021〕829号)要求,上海市政工程设计研究总院(集团)有限公司和上海市排水管理事务中心共同主编《城镇排水管渠在线监测技术标准》。

本标准的主要内容包括:总则;术语;基本规定;在线监测方案编制;在线监测布点;设备选型;数据采集、传输与存储;设备安装、巡检与校验;数据分析与应用。

本标准的编制是为规范本市排水管渠在线监测工作,提高排水管渠在线监测的科学性、有效性和合理性,满足本市排水管渠的运营与监管需求,强化市、区排水系统"厂、站、网"一体化运行监管平台,推进排水行业数字化转型。

各单位及相关人员在执行本标准过程中,如有意见和建议,请反馈至上海市水务局(地址:上海市江苏路389号;邮编:200050;E-mail:kjfzc@swj.shanghai.gov.cn),上海市政工程设计研究总院(集团)有限公司(地址:上海市中山北二路901号;邮编:200082),上海市排水管理事务中心(地址:上海市厦门路180号;邮编:200001),上海市建筑建材业市场管理总站(地址:上海市小木桥路683号;邮编:200032;E-mail:shgcbz@163.com),以供今后修订时参考。

主　编　单　位:上海市政工程设计研究总院(集团)有限公司
　　　　　　　　上海市排水管理事务中心
参　编　单　位:上海市城市排水有限公司
　　　　　　　　同济大学

上海铂尔怡环境技术股份有限公司

上海万江环境科技有限公司

上海万朗水务科技集团有限公司

上海山南勘测设计有限公司

主要起草人：陈　嫣　王　坚　张爱平　余凯华　胡群芳

　　　　　　谢宇铭　邹丽敏　翟之阳　张　威　张留瓅

　　　　　　李　滨　杨一烽　陶贤成　王　捷　王　强

　　　　　　徐　强　樊雪莲　黄锡忠　董　磊　李春光

　　　　　　王　飞　吴思全　王　晖　彭海琴　范丹丹

主要审查人：鞠春芳　李　红　陆松柳　陶佩欣　张达石

　　　　　　刘鸿鸣　陈会娟　应慧芳　王　靖

上海市建筑建材业市场管理总站

目　次

Contents

1 总　则

1.0.1　为规范本市排水管渠在线监测工作，提高排水管渠在线监测的科学性、有效性和合理性，满足本市排水管渠运维与监管的需求，制定本标准。

1.0.2　本标准适用于本市城镇排水管渠在线监测的设计、施工、运维以及数据分析和应用。

1.0.3　排水管渠在线监测的设计、施工、运维以及数据分析和应用除应符合本标准外，尚应符合国家、行业和本市现行有关标准的规定。

2 术 语

2.0.1 排水管渠在线监测　online monitoring of drainage pipes and channels

将监测设备安装在排水管渠及其附属构筑物上或附近，连续对排水管渠运行状况进行自动监视、测定和数据上传的过程。

2.0.2 排水管渠在线监测系统　online monitoring system of drainage pipes and channels

由排水管渠在线监测设备、排水运管平台组成，连续地对排水管渠运行状况进行自动监视、测定和数据上传，并对监测数据进行存储、显示和应用的系统。

2.0.3 监测点位　monitoring site

安装在线监测设备的位置。

2.0.4 运行调度监测　online monitoring for operation

服务于排水管渠运行调度，以提升排水管渠最大效能为目标的监测。雨水管渠系统运行调度的目标是排水防涝和溢流/放江污染控制，污水管道系统运行调度的目标是平稳输送和提质增效。运行调度监测聚焦于液位、流量、水质等3个核心参数。

2.0.5 运行监管监测　online monitoring for supervision

对排水管渠"源头—管渠—排口—水体"全过程中的部分或全部进行监测，以实现全过程监控和管理为目标的监测。运行监管监测在运行调度监测的基础上，增加降水监测、气体监测、井盖监测、结构健康监测和视频图像监测。

2.0.6 原位监测　in situ monitoring

不采集水样，监测设备的传感器直接投入排水管渠中进行水质分析的监测方式。

2.0.7 分流监测 partial flow monitoring

采集水样,将水样经采样管道输送到监测设备进行水质分析的监测方式。

3 基本规定

3.0.1 开展排水管渠在线监测工作前,应明确监测目标,结合排水管渠现状和规划的拓扑结构,针对雨水排水和污水收集处理特点,制定在线监测方案。

3.0.2 排水管渠在线监测可服务于运行调度、运行监管、排水模型率定与验证、污染物溯源和管渠运行状态评估等。

3.0.3 排水管渠在线监测内容应包括液位监测、流量监测、水质监测、降水监测、气体监测、井盖监测、结构健康监测和视频图像监测中的一项或多项。

3.0.4 监测设备选型应满足可靠、适用、经济的原则。

3.0.5 在线监测布点和设备选型确定后,应形成在线监测方案布点图,布点图中应注明监测点位及其坐标,并标明各点位设置的监测设备。

3.0.6 排水管渠在线监测数据宜接入市、区两级的排水运管平台。

3.0.7 应根据监测目标开展在线监测数据的分析与应用。

3.0.8 应定期评价排水管渠在线监测的实施效果,并进行优化调整。

3.0.9 操作人员在现场进行踏勘、设备安装、巡检和校验前,应对有毒有害、易燃易爆气体及有限空间内氧含量等进行检测与防护,保障人身安全。

4 在线监测方案编制

4.0.1 在线监测方案应能全面、准确地反映排水管渠的运行状态。

4.0.2 在线监测方案编制前应根据监测目标收集资料,资料可包含下列内容:

1 排水系统的服务范围、管渠拓扑结构和运行管理数据等。

2 排水系统的规划、设计、建设和竣工资料。

3 管渠测量资料、管渠养护和大中修情况。

4 河道、湖泊、近海等受纳水体的空间数据和运行方案。

5 现有排水设施,受纳水体,下立交、地道和道路等易涝点的监测布点和监测数据。

6 易涝点历史积水数据。

7 历年降水资料和台风等极端气象条件的历史资料。

8 监测区域内或附近 2 km² 区域内已有的排水模型的应用分析资料。

9 控制性详细规划、土地利用规划等涉及人口、用地类型的资料。

10 地形图、水文地质资料。

11 重点排水户的类型、分布、排水量、排水过程线、排放标准等资料。

4.0.3 在线监测方案应包括项目背景概况、现状规划分析,监测目标,在线监测布点、设备选型,数据采集、传输与存储,设备安装、巡检与校验,数据分析与应用,投资估算,工作组织和实施计划等内容。

4.0.4 在线监测布点应包括监测对象、监测内容、监测布局、监测频次、监测方式等内容。

4.0.5 设备选型应包括在线监测设备的类型、原理、主要技术参数等内容。

4.0.6 数据采集、传输与存储应包括在线监测数据的采集、传输和存储方式等内容。

4.0.7 设备安装、巡检与校验应包括设备安装方式、验收与校验方式、设备的维护保养技术要求和软硬件的升级维护等内容。

4.0.8 数据分析与应用应包括数据质量分析方法和数据应用模式等内容。

5 在线监测布点

5.1 一般规定

5.1.1 在线监测布点应符合下列规定：

    1 监测点的服务范围、监测区域边界应清晰明确。

    2 监测点应对该服务范围内雨水或污水排水特征具有代表性。

    3 监测点位应便于设备安装和维护。

    4 监测点位宜避开倒虹段、顶管段、盾构段等典型区域检查井。

    5 接入流量与输送流量之比较大的检查井宜考虑设立监测点。

5.1.2 在线监测布点方案初步拟定后，应对选定的监测点位开展现场踏勘，核实点位现场实施条件和布置场景。

5.1.3 在线监测布点应统筹已有的监测点位，避免重复建设。

5.1.4 在线监测布点宜采用排水管渠数学模型优化。

5.1.5 在线监测点位布设密度应根据所属区域的重要性、管渠复杂程度和工程投资造价等因素确定，布设密度可分为整体监测、分区监测和精细监测三个层级。雨水管渠和污水管道监测点位的布设应分别符合表 5.1.5-1 和表 5.1.5-2 的规定。

表 5.1.5-1 雨水管渠的监测点位布设

监测层级	优先选址	强排系统	自排系统	点位密度
整体监测	系统末端	≥2 个	≥1 个[注]	1 个/10 km
分区监测	系统中部和末端	≥3 个	≥2 个[注]	1 个/5 km
精细监测	—	≥4 个	≥3 个	1 个/2 km

注：仅针对排口≥DN1000 的独立自排系统。

表 5.1.5-2　污水管道的监测点位布设

监测层级	合流制系统	分流制系统	干线总管	点位密度
整体监测	≥2 个[注]	≥2 个[注]	1 个/10 km	1 个/10 km
分区监测	≥3 个	≥3 个	1 个/5 km,且包括主要接入支线	1 个/5 km
精细监测	≥4 个	≥4 个	1 个/2 km,且包括所有接入支线	1 个/2 km

注:合流制排水系统宜布设于排水系统末端,分流制排水系统宜布设于污水泵站前或支线接入干线总管处。

5.1.6 统筹在线监测点位时,可采用分阶段实施、逐级加密的方式开展,应先布设整体监测层级的点位,再布设分区监测层级的点位,最后布设精细监测层级的点位。

5.2　运行调度监测布点

5.2.1 服务于雨水管渠运行调度的监测对象和监测内容应符合表 5.2.1 的规定。

表 5.2.1　服务于雨水管渠运行调度的监测对象和监测内容

监测对象	监测内容		
	液位	流量(流速)	水质(SS)[注2]
历史积水点	√[注1]	—	—
易涝点	√	—	—
下立交、地道等节点	√	—	—
雨水泵站进水管	√	—	○
雨水泵站排口	√	○	
调蓄池[注3] 进水管	√	○	○
调蓄池[注4] 出水管	√	√	

监测对象	监测内容		
	液位	流量(流速)	水质(SS)^{注2}
自排排口	√	○	○

注：1 "√"表示应设相关监测，"○"表示宜设相关监测，"—"表示不设相关监测。本表所列仪表可安装在泵站、调蓄池、污水厂内。

　　2 如仅以排水防涝为目的，可不监测水质指标。

　　3 指削峰调蓄池和控污调蓄池。

　　4 指削峰调蓄池。

5.2.2　服务于污水管道运行调度的监测对象和监测内容应符合表5.2.2的规定。

表5.2.2　服务于污水管道运行调度的监测对象和监测内容

监测对象	监测内容		
	液位	流量(流速)	水质(CODcr、氨氮)^{注2}
易冒溢点	√^{注1}	—	—
污水干管关键节点	√	○	—
污水泵站进水管	√	—	○
污水泵站出水管	√	√	
雨水或合流泵站截污设施出水管	√	√	○
调蓄池^{注3}进水管	√	○	○
调蓄池^{注4}出水管	√	√	
污水处理厂进水管	√	√	√

注：1 "√"表示应设相关监测，"○"表示宜设相关监测，"—"表示不设相关监测。本表所列仪表可安装在泵站、调蓄池、污水厂内。

　　2 可根据实际需要选择监测一个或多个指标。CODcr、氨氮常作为厂网一体化提质增效目标的运行调控依据。

　　3 指污水调蓄池。

　　4 指污水调蓄池和控污调蓄池。

5.2.3　污水干管的闸门井应设置液位监测，宜设置流量、水质监测。

5.3 运行监管监测布点

5.3.1 服务于雨水管渠运行监管的监测对象除运行调度监测布点内容外，还宜符合表5.3.1的规定。

表 5.3.1 服务于雨水管渠运行监管的监测对象和监测内容

监测对象	监测内容		
	液位	流量（流速）	水质[注3]
历史积水点附近节点	○[注1]	—	—
易涝点附近节点	○	—	—
雨水支干管关键节点	○	—	—
雨水支干管汇入总管节点	○	○	—
雨水总管关键节点	○	○	—
沿河湖敷设的雨水管渠	○	—	—
雨水系统边界连通管	○	—	—
雨水泵站进水管	√[注2]	—	○
雨水泵站排口	√[注2]	○[注2]	
调蓄池[注4] 进水管	√[注2]	○[注2]	○
调蓄池[注5] 出水管	√[注2]	√[注2]	
自排排口	√[注2]	○[注2]	○
排口受纳水体	√	—	○

注：1 "√"表示应设相关监测，"○"表示宜设相关监测，"—"表示不设相关监测。本表所列仪表可安装在泵站、调蓄池、污水厂内。
　　2 该布点与运行调度布点要求相同。
　　3 可根据实际需要选择监测包含 SS 在内的一个或多个水质指标。
　　4 指削峰调蓄池和控污调蓄池。
　　5 指削峰调蓄池。

5.3.2 服务于污水管道运行监管的监测对象除运行调度监测布点内容外，还宜符合表5.3.2的规定。

表 5.3.2　服务于污水管道运行监管的监测对象和监测内容

监测对象	监测内容		
	液位	流量(流速)	水质[注3]
易冒溢点附近节点	○[注1]	—	—
污水支线关键节点	○	○	○
污水支线接入污水干线节点	○	○	○
沿河湖敷设的污水管渠	○	—	—
污水干管关键节点	√[注2]	○[注2]	○

注：1　"√"表示应设相关监测，"○"表示宜设相关监测，"—"表示不设相关监测。本表所列仪表可安装在泵站、调蓄池、污水厂内。
　　2　该布点与运行调度布点要求相同。
　　3　可根据实际需要选择监测包含 CODcr、氨氮在内的一个或多个水质指标。

5.3.3　污水干管的透气井宜设置液位监测，可设置流量监测。

5.3.4　底部易淤积污泥的管渠，可设置底泥监测设备。

5.3.5　雨量监测应统一考虑，中心城区每 2 km² 宜设 1 处，其余地区每 5 km² 宜设 1 处。

5.3.6　下列位置宜设置视频图像监测：

　1　历史积水点和附近节点。

　2　易涝点和附近节点。

　3　下立交、地道等节点。

　4　雨水泵站排口和自排排口等处。

5.3.7　下列位置应设置监测设备：

　1　污水输送管道透气井宜设置硫化氢气体监测。当透气井距离居住、公共、办公等建筑较近时，应设置硫化氢气体监测。

　2　重点地区重力排水检查井，宜设置井盖监测设备。

　3　管径大于等于 DN2000 的雨水总管和管径大于等于 DN1500 的污水干管的关键节点，或邻近施工对排水管渠安全有影响的，宜设置结构健康监测系统。

5.3.8 重点排水户接户井宜设置液位、流量和水质监测,水质监测内容结合排水户的污染物排放特征,可包括 pH 值、电导率、悬浮物、化学需氧量、氨氮、余氯等监测。

5.4 其他目标监测布点

5.4.1 服务于排水模型率定验证、污染物溯源和管渠运行状态评估等目标的在线监测,宜在已有固定监测设备的基础上,临时增加监测点位。

5.4.2 服务于排水模型率定验证的监测对象应包括下列内容:

    1 汇水关系清晰的主要排口。

    2 模型构建上需要输入液位、流量参数的主要管渠节点。

    3 需要模型模拟结果验证的管渠节点。

5.4.3 服务于排水模型率定验证的监测,监测内容应符合下列规定:

    1 服务于水量模型率定验证的,应包含液位和流量监测;其中服务于内涝二维模型率定验证的应包含积水点液位监测。

    2 服务于水质模型率定验证的,应包含流量和水质指标监测。

5.4.4 服务于排水模型率定验证的监测,应根据模型需求采用对应的监测周期,并应符合下列规定:

    1 对于污水管道模型,监测持续时间不宜少于 14 d,应包括雨天和非雨天,其中连续非雨天的监测时间不宜少于 3 d。

    2 对于雨水管渠模型,应涵盖至少 3 场典型降水的监测数据,且单场次累计降水量不宜小于 10 mm,降雨监测数据间隔不应大于 5 min。

    3 对于合流制溢流模型,若监测区域存在历史溢流点,除应符合本条第 1 款、第 2 款的规定外,还应涵盖至少 3 次溢流监测数据。

5.4.5 服务于污染物溯源的监测应根据溯源污染物特征,在对照监测区域内污染物排放特征后确定监测布点范围,并应符合下列规定:

1 污染物排放特征可通过相关数据库取得,或利用资料调研结合水质分流监测取得。

2 应结合监测范围内基础类资料与现场踏勘对所在区域设置重点溯源区域。

3 污染物溯源可根据建模需求,增加溯源监测点位和监测指标。

4 监测指标宜根据排水管渠所在区域的生活污水、产业污水、地下水水质特征等确定。

5.4.6 服务于管渠运行状态评估的监测,监测内容应符合下列规定:

1 服务污水管道内旱天入渗入流分析的,应包含液位、流量和水质监测,非雨天监测时间不宜少于 7 d,并应同步取得监测范围内供水数据。

2 服务污水管道内雨水混接入流分析的,应包含雨天的降水、液位、流量和水质监测,应涵盖至少 3 场典型降水的监测数据,且单场次累计降水量不宜小于 10 mm,降雨监测数据间隔不应大于 5 min。

3 服务雨水管道内污水混接入流分析的,可在检查井中安装流向监测设备。

4 常规水质监测指标外,可增加电导率指标监测用于判断管道内雨污混接情况。

6 设备选型

6.1 一般规定

6.1.1 在线监测设备的防护等级应符合现行国家标准《外壳防护等级(IP代码)》GB/T 4208 的有关规定,室外安装设备的防护等级不应低于 IP66;可能会被水淹没的设备防护等级应为 IP68。

6.1.2 在检查井等存在爆炸风险的密闭空间内安装的在线监测设备应采用防爆型。

6.1.3 在排水管渠内安装的在线监测设备、配件和支架应耐高低温,能够适应长期潮湿腐蚀环境,安装支架应满足相关受力要求。

6.1.4 在线监测设备的供电系统应安全可靠,可根据现场情况选择公共电网和电池供电两种供电方式。电池应符合下列规定:

1 安装在井下的电池,应能保证监测设备连续正常工作 12 个月以上,应具备防爆、防水和防腐蚀性能,并能快速更换。

2 安装在室外的电池,应能保证监测设备连续正常工作 3 个月以上;可增加太阳能充电装置作为电池补充。当采用太阳能充电装置时,电池在无日照条件下持续供电时间应大于 15 d。

6.1.5 在线监测设备应具备掉电保护功能。

6.1.6 在线监测设备数据传输宜采用无线网络通信,在易于接入有线网络或没有无线信号覆盖的区域,可采用有线网络。

6.1.7 固定监测的在线监测设备应具备长期数据采集存储的功能,其中降水、液位、流量监测数据应在本机存储 180 d 以上,水质、气体监测应在本机存储 60 d 以上;监测数据应自动传输到监测系统,若通信中断,应在通信恢复后续传历史数据。

6.1.8 在线监测设备应具有时钟自动同步功能,与监控数据中心之间的时间偏差不应大于±5 s。

6.1.9 在线监测设备应采用合适的防雷措施,应保证系统可靠运行,防止从天馈线、电源线、信号线引入雷电损坏设备。

6.1.10 在线监测设备应具备召测功能,当排水运管平台发出指令后,应能立即进行数据的采集、传输。

6.1.11 在线监测设备应支持用户在排水运管平台对设备运行参数、监测点位设置数据、预警报警规则等相关配置信息的修改,并应支持设备运行参数的远程自动同步。

6.1.12 在线监测设备使用年限应根据产品使用说明书确定,可根据设备安装环境适当调整。

6.1.13 在线监测设备宜具备自诊断、自校验功能。

6.2 液位监测设备

6.2.1 液位监测设备应根据管渠工况选择适合地表径流、浅流、非满流、满流、管道过载或淹没溢流中一种或多种工况的传感器,可通过组合使用不同传感器避免出现测量盲区。

6.2.2 液位监测设备的技术指标应符合下列规定:

  1 最大测量液位不应低于全量程的 70%。

  2 准确度不应低于全量程的 ±1%。

  3 分辨率不应低于 1 mm。

6.3 流量监测设备

6.3.1 流量监测设备应根据监测需求和现场工况选择合适的传感器。

6.3.2 工况为流速大于 0.3 m/s 的压力管道宜采用电磁流量计。电磁流量计应符合下列规定:

1 流速测量的量程宜为 0.3 m/s～10 m/s。

2 准确度不应低于全量程的±1%。

3 分辨率不应低于 0.01 m/s。

6.3.3 工况复杂的排水渠道宜采用超声波流量计或雷达流量计,可通过组合使用不同传感器增加测量准确度。超声波流量计或雷达流量计应符合下列规定:

1 流速测量的量程宜为－3 m/s～3 m/s。

2 准确度不应低于全量程的±2.5%。

3 分辨率不应低于 0.01 m/s。

6.4 水质监测设备

6.4.1 水质监测设备可分为原位监测和分流监测,pH值、温度、电导率、ORP、固体悬浮物、溶解氧、余氯等水质参数宜采用原位监测,化学需氧量、氨氮、总磷、总氮等水质参数宜采用分流监测。

6.4.2 原位监测设备应符合下列规定:

1 应选择体积小的传感器。

2 传感器宜配备自清洗装置。

3 传感器宜安装在垂直导杆上。

4 在同一位置安装多个原位监测设备传感器时,应考虑采用同一信号采集发送设备,并统一供电。

6.4.3 分流监测设备应符合下列规定:

1 取样装置应支持多个水质传感器取样,采样泵扬程不低于 10 m。

2 可通过原位监测指标突变触发分流监测。

3 可在分流监测水质指标超限值后自动留样。

4 应合理处置分流水质监测设备产生的废液。

6.4.4 重点排水户在线监测设备的安装应统筹现有数据,实现数据共享,不应重复建设。

6.4.5 重点排水户宜优先采用小型化原位水质在线监测设备。

6.4.6 温度传感器的技术指标应符合下列规定：

   1 准确度不应低于±0.20℃。

   2 分辨率不应低于0.1℃。

   3 响应时间不宜大于30 s。

6.4.7 pH 传感器的技术指标应符合下列规定：

   1 准确度不应低于±0.1 pH。

   2 分辨率不应低于0.1 pH。

   3 响应时间不宜大于30 s。

6.4.8 电导率传感器的技术指标应符合下列规定：

   1 准确度不应低于全量程的±0.5%或测量值的±2%。

   2 分辨率不应低于0.1 μS/cm。

6.4.9 ORP 传感器的技术指标应符合下列规定：

   1 准确度不应低于全量程的±0.5%或测量值的±2%。

   2 分辨率不应低于1 mV。

6.4.10 固体悬浮物传感器的技术指标应符合下列规定：

   1 准确度不应低于全量程的±3%或测量值的±5%。

   2 分辨率不应低于1 mg/L。

   3 宜配备清洁刷自动清洗装置。

6.4.11 溶解氧传感器的技术指标应符合下列规定：

   1 准确度不应低于±0.2 mg/L。

   2 分辨率不应低于0.1 ppm。

   3 响应时间不宜大于60 s。

   4 宜配备清洁刷自动清洗装置。

6.4.12 余氯传感器的技术指标应符合下列规定：

   1 准确度不应低于全量程的±5%。

   2 分辨率不应低于0.1 mg/L。

   3 响应时间不宜大于5 min。

   4 宜配置可自动清洗的取样和预处理装置。

6.4.13 自动采样装置的技术指标应符合下列规定：

1 应支持多种方式触发采样并通知取样化验。

2 应支持平行样本采集，平行采集不宜少于 2 个采样瓶，单瓶容积不宜低于 500 mL。

3 当自动采用装置安装于井下时，应支持电池供电，更换 1 次电池宜支持不少于 50 次水样采集。

4 近程控制时，采样启动时间宜小于 3 s，远程控制时，采样启动时间宜小于 15 min。

5 单次采样时间宜小于 10 min。

6.4.14 化学需氧量（COD_{cr}）测量仪的技术指标应符合下列规定：

1 准确度不应低于全量程的 $\pm10\%$ 或测量值的 $\pm15\%$。

2 分辨率不应低于 1 mg/L。

3 响应时间不宜大于 60 min。

4 应配置可自动清洗的取样和预处理装置。

6.4.15 氨氮测量仪的技术指标应符合下列规定：

1 准确度不应低于全量程的 $\pm5\%$。

2 分辨率不应低于 0.2 mg/L。

3 响应时间不宜大于 30 min。

4 应配置可自动清洗的取样和预处理装置。

6.4.16 总磷、总氮测量仪的技术指标应符合下列规定：

1 准确度不应低于全量程的 $\pm5\%$。

2 分辨率不应低于 0.1 mg/L。

3 应配置可自动清洗的取样和预处理装置。

6.5 降水监测设备

6.5.1 降水监测设备应采用翻斗式雨量计。

6.5.2 翻斗式雨量计的技术指标应符合下列规定：

1 强度范围宜为 0 mm/min～4 mm/min，允许最大强度宜为 8 mm/min。

2 准确度不应低于全量程的 ±4%。

3 分辨率不应低于 0.2 mm。

4 量筒应具有防雨水滞留涂层。

6.5.3 降水监测设备应满足降水量的在线监测与自动记录的要求，在未监测到有效数据时应自动采用休眠模式，在降水过程中应全程发送数据。

6.6 气体监测设备

6.6.1 气体监测设备的监测指标可包括排水管渠中的硫化氢、氨气、甲烷、典型 VOCs 和氧气等气体。

6.6.2 气体监测设备的技术指标应符合下列规定：

1 应适用于多种气体监测。

2 应具备防爆功能。

3 应适用于排水管渠设施防潮防腐工况要求。

4 量程可根据现场要求设置。

5 准确度宜为全量程的 ±5%。

6.7 井盖监测设备

6.7.1 应结合排水管渠监测需求和现场条件，设置井盖监测设备。井盖监测设备应具备固定坐标、监测井盖开闭状态、异常情况报警和身份识别等功能。

6.7.2 井盖监测设备的技术指标应符合下列规定：

1 井盖打开或关闭时应有声音提示。

2 报警响应时间应小于 5 s。

3 应有周期性自检数据上传，包括井盖状态、电池电压等。

4 设备电池使用寿命不应少于 3 年。

5 应具备防撬、防盗功能。

6.8 结构健康监测设备

6.8.1 排水管渠结构健康监测宜包括应变、应力、变形、渗漏和耐久性等监测内容。

6.8.2 应变监测可采用电阻式应变计、振弦式应变计、光纤布拉格光栅应变计、分布式光纤等传感器。应变监测传感器的技术指标应符合下列规定：

1 量程宜大于等于 2 000 $\mu\varepsilon$。

2 准确度不应低于全量程的 0.1%。

3 应具有温度补偿。

6.8.3 应力监测可采用钢筋应力计，应符合下列规定：

1 量程宜大于等于 300 MPa。

2 准确度不应低于全量程的 0.1%。

3 应具有温度补偿。

6.8.4 变形监测可采用倾角计、位移计、分布式光纤等传感器。

6.8.5 倾角计的技术指标应符合下列规定：

1 量程宜大于等于 ±10°。

2 准确度不应低于 0.05°。

3 应具有温度补偿。

6.8.6 位移计的技术指标应符合下列规定：

1 量程宜大于等于 100 mm。

2 准确度不宜低于全量程的 0.1%。

3 应具有温度补偿。

6.8.7 渗漏监测可采用恒温式渗漏传感器、分布式光纤等传感器。

6.8.8 排水管道耐久性监测可采用多探针腐蚀传感器、阳极梯腐蚀传感器等传感器。

6.8.9 耐久性监测传感器的技术指标宜符合下列规定：

1 腐蚀速度测量范围宜为 0.1 mm/a～10 mm/a。

2 宜具有温度补偿。

6.9 视频图像监测设备

6.9.1 视频图像监测设备的技术指标应符合下列规定：

1 采集像素应在 200 万以上。

2 应具有自动控制的红外摄像功能。

3 应具备 20 倍及以上的光学变焦功能，支持远程调焦。

4 宜配备云台。

6.9.2 视频图像监测设备宜具备图像识别功能，能智能识别道路积水、溢流、内涝等事件。

6.9.3 视频图像监测设备应具备存储功能。当采用本地存储时，本地存储时间不应少于 30 d，且应定时发送图片至后端系统，后端系统也应能随时调取本地存储视频图像；当采用后端系统存储时，后端系统存储时间不应少于 30 d，本地存储时间不应少于 3 d。

6.9.4 视频图像监测设备应结合区域条件和设备性能，采用可靠的供电方式。

7 数据采集、传输与存储

7.1 一般规定

7.1.1 排水管渠在线监测数据的采集、传输与存储应满足排水运管平台接入技术要求。

7.1.2 排水运管平台应采集、传输与存储的排水管渠在线监测数据包括设备监测数据、设备运行数据和网络传输质量数据，并应确保信息完整准确。

7.1.3 排水运管平台应具备权限管理功能和数据共享接口，支持查看或共享授权范围内的设备信息和监测数据。

7.1.4 排水管渠在线监测系统应采取工业控制安全和网络信息安全防护措施。

7.1.5 排水管渠在线监测数据的采集、传输与存储应符合现行国家标准《城市排水防涝设施数据采集与维护技术规范》GB/T 51187 和现行行业标准《城镇排水管道维护安全技术规程》CJJ 6、《城市地下管线探测技术规程》CJJ 61、《城镇排水管渠与泵站运行、维护及安全技术规程》CJJ 68 的规定。

7.2 数据采集与传输

7.2.1 各类监测设备的数据采集和通信的时间间隔宜符合表 7.2.1 的规定，应支持通过通信网络远程调整时间间隔。

表 7.2.1 监测设备数据采集和通信的时间间隔

监测设备种类	最小时间间隔	最大时间间隔	备注
液位监测设备	1 min	15 min	超警戒实时
流量监测设备	1 min	15 min	—
水质监测设备（原位监测）	5 min	15 min	—
水质检测设备（分流监测）	15 min	120 min	—
降水监测设备	1 min	15 min	旱天时待机
气体监测设备	5 min	15 min	—
井盖监测设备	30 min	120 min	发现异常实时
结构健康监测设备	30 min	1 d	—
视频图像监测设备	—	—	画面静止时待机

7.2.2 监测数据传输应遵循安全、可靠、高效和低功耗的原则，宜采用公共移动通信网络。

7.2.3 监测数据传输应具有数据校验、断点续传功能，并应能自动处理传输错误的数据包。

7.2.4 采集的原始数据应直接传输到排水运管平台后立即存入数据库，以保证在线监测数据的一致性和准确性。

7.2.5 排水运管平台应具备监控数据和视频数据网络带宽分配功能。

7.3 数据存储

7.3.1 排水运营平台数据库系统应符合下列规定：

1 数据存储容量和存储内容应满足扩展要求。

2 数据存储应安全可靠，宜建立异地容灾存储备份机制。

3 数据存储应满足监测数据采集、录入、校核、存储、查询、显示、分析的要求。

7.3.2 采集的在线监测数据均应存储在数据库内,并应长期保存历史数据,视频图像数据保存天数应符合本标准第 6.9.3 条的规定,其余数据应保存 10 年以上。

8 设备安装、巡检与校验

8.1 一般规定

8.1.1 在线监测设备的安装、校验和维护应符合现行行业标准《城镇排水管渠与泵站运行、维护及安全技术规程》CJJ 68 的有关规定。

8.1.2 在线监测设备安装前应进行现场踏勘，应避开振动、恶劣环境、易受机械损伤、有强电磁场干扰、特殊施工段（顶管、盾构）的位置。对不满足安装条件的监测点位，应基于上、下游拓扑关系选择替代点位。

8.2 设备安装与验收

8.2.1 在线监测设备在安装前，应符合下列规定：

　　1 应核对在线监测设备的包装和外观状况，确认设备在运输过程中未发生破损。

　　2 应核对在线监测设备的生产厂家的产品合格证和有效的检定证明。

　　3 应核对在线监测设备的铭牌，铭牌应标识齐全、牢固、清晰，并应满足在线监测方案的要求。

　　4 应核对在线监测设备安装支架的形式和材质，确认其满足在线监测方案的要求。

　　5 如在线监测设备传感器为浸没安装，设备安装前，应将管网临时封堵、抽水、清淤并清洗安装区域附近管道和检查井。

8.2.2 在线监测设备在安装时，应符合下列规定：

1 应在作业区域周边明显处设置警示装置。

2 应按设计要求、产品使用手册或产品说明书规定的步骤进行。

3 安装在地坪以上的在线监测设备,应设置避雷措施。

4 安装过程中出现的问题和处理结果应详细记录备查。

8.2.3 在线监测设备在安装后,应符合下列规定:

1 应对在线监测设备和支架进行一次完整的检查。

2 应逐项检查每个监测设备的设备功能和系统功能,确认满足设计要求。

3 安装调试、校核完成后,应提供仪器设备安装验收报告方可投入使用。

8.2.4 在线监测设备在安装过程中不应被敲击、振动。安装应牢固、平正,安装支架应受力均匀,不应承受非正常的外力,不应影响所在排水管渠的安全运行。

8.2.5 电缆保护管应可靠固定,并应减少悬空,严禁交叉。电缆应采用钢管或 PVC 管保护,钢管和 PVC 管应在接口处应做好防水处理,所有接入设备或仪表保护箱的电缆均应作回水弯处理。

8.2.6 临时监测设备,在确保安全可靠的前提下,可采用可拆卸安装附件。

8.2.7 非接触式液位监测设备传感器的安装应符合下列规定:

1 与被测液面之间不得有其他障碍物。

2 最高液位不应在测量盲区内。

3 安装在检查井内时,应与池壁保持足够的距离。

4 发射波应与液面垂直。

8.2.8 接触式液位监测设备传感器的安装应符合下列规定:

1 传感器安装位置应避开管渠污泥淤积。

2 传感器应安置牢固,可采用套管保护,不应受水流冲击而偏移、晃动或被水流冲走。

3 传感器应安装在流态代表性显著区域。

8.2.9 流量监测设备传感器应安装在介质流速稳定的位置。采用电磁流量计时,上游直管段长度不应小于管径的 5 倍,下游直管段长度不应小于管径的 2 倍;采用超声波流量计或雷达流量计时,不应安装在交汇井、管道变径和转弯等处。

8.2.10 电磁流量计的安装应符合下列规定:

1 电磁流量计应避免安装在管道最高点和向下排空的管道中。

2 管径大于 300 mm 时,应设置专门的支架支撑,并宜加装伸缩管节。

3 周围有强磁场时,应采取防干扰措施。

8.2.11 超声波流量计的安装应符合下列规定:

1 超声波流量计传感器安装位置应浸没在水中。

2 超声波流量计传感器应安装在介质流速稳定区域,前端不得有阻挡物干扰水流流态。

3 传感器安装位置应保证与水流方向平行一致,传感器前端应逆水流方向。

4 安装支架和传感器不应干扰水流流态。

5 流量计传感器安装在管道底部时应避开淤泥。

8.2.12 雷达流量计的安装应符合下列规定:

1 雷达流量计的发射角应根据说明书要求,按一定角度照射到液面。

2 雷达流量计传感器应安装在介质流速稳定区域。

3 雷达流量计应安装在被测液面最高液位上,并避免盲区。

4 流速仪安装应牢靠,应采用不锈钢膨胀螺丝安装固定。

8.2.13 原位水质监测设备的安装应符合下列规定:

1 传感器应确保在最低液位时伸入水面下 200 mm。

2 宜采用可拆卸式的安装支架,方便取下传感器进行维护。

3 安装支架应尽量靠井壁,防止缠绕异物。

8.2.14 分流水质监测设备的安装应符合下列规定：

1 设备安装点应靠近取样点。

2 取样点宜位于管渠中心位置。

3 取样管路中应设采样阀和旁通采样阀。

4 安装地点宜具备清洗水源。

5 应根据监测参数的环境要求，按需配置恒温恒湿设备。

8.2.15 降水监测设备的安装应符合下列规定：

1 安装位置应场地平整。

2 安装位置面积不宜小于 4 m×4 m。

3 场地内植物高度不宜超过 200 mm。

4 设备顶部 30°仰角范围内不应有障碍物。

5 降水监测设备应安装牢固，在暴风雨中不应发生抖动或倾斜。

8.2.16 气体监测设备应安装于恶臭源的下风口。

8.2.17 井盖监测设备安装时，应保持井盖平整且稳固无松动。

8.2.18 视频摄像机安装应符合下列规定：

1 应将摄像机逐个通电进行检测和调试，确认摄像机处于正常工作状态后，方可安装。

2 摄像装置的安装应牢靠、稳固。

3 从摄像机引出的电缆宜留有 1 m 的余量，不得影响摄像机的转动。摄像机的电缆和电源线均应固定，并不得用插头承受电缆的自重。

4 应先对摄像机进行初步安装，经通电试看，检查各项功能，观察监视区域的覆盖范围和图像质量，符合要求后方可固定。

8.2.19 结构健康监测中，新建排水管渠的应力应变监测设备和耐久性监测设备宜采用预埋形式进行安装。

8.2.20 设备安装完成后应进行调试与验收，验收合格后方可投入使用。在线监测设备的验收应符合现行国家标准《自动化仪表工程施工及质量验收规范》GB 50093 的有关规定。

8.3 设备巡检与维护

8.3.1 在线监测设备应定期开展现场巡检和维护工作,并应建立相应的制度和计划。设备巡检和维护计划宜根据在线监测数据,分析各监测设备运行状态,进行调整并优化。

8.3.2 应构建基于移动端的巡检和维护系统,对日常巡检、设备保养、故障报修等信息数字化记录,实现闭环管理。

8.3.3 在线监测设备的巡检应符合下列规定:

1 应检查清理在线监测设备安装位置附近的杂物和淤泥。

2 应清理擦拭在线监测设备传感器。

3 应检查信号指示是否正常、开关操作是否灵活可靠、控制是否准确等。

4 应检查在线监测设备的安装支架是否松动,是否需要进行加固。

5 应检查在线监测设备的电池电量。

6 应按需更换在线监测设备的耗材。

7 应检查分流水质监测设备相关药剂是否在有效期内,避免药剂变质造成测量数据误差。

8 应检查在线监测设备现场读数,并与后台数据进行比较。

8.3.4 在线监测设备的巡检周期应小于 1 个月。

8.3.5 应在汛前、汛后,对排水管渠在线监测设备进行全面巡检。汛期时,宜适当缩短巡检周期。

8.3.6 在线监测设备故障宜在 48 h 内修复或替换。

8.3.7 排水运管平台,包括监控计算机、服务器、不间断电源、数据库系统、应用软件等应定期开展现场巡检、维护工作,并应建立相应的制度和计划。

8.4 设备校验

8.4.1 在线监测设备安装后投入使用前应进行一次校验,使用过程中应定期校验,确保监测数据的可靠。

8.4.2 液位监测数据宜采用经第三方检测机构校准的便携式检测设备或人工现场观测数据进行校验。校验周期应小于 3 个月。

8.4.3 流量监测数据宜采用经第三方检测机构校准的便携式检测设备校验,或采用累积量校验,或采用与相似监测点位监测数据互校的方法进行校验。校验周期应小于 3 个月。

8.4.4 水质监测数据宜采用人工采样-实验室分析的方法进行校验。水质监测设备校验时应进行重复性、零点漂移和量程漂移试验。校验周期应小于 1 个月。

8.4.5 降水监测数据宜采用与临近气象站降水监测数据交叉互检的方法进行校验。校验周期应小于 3 个月。

8.4.6 气体监测数据宜采用便携式设备校验。

8.4.7 结构健康监测宜在设备安装完成后进行第 1 次校验,宜在通水前进行第 2 次校验。

8.4.8 视频图像监控宜每月进行 1 次图像质量评价,图像质量等级低于四级时应开展系统维护。

8.4.9 应对数据校验中发现问题的监测点位进行维护整改。

9 数据分析与应用

9.0.1 应建立数据评价机制,在数据分析与应用前开展数据质量分析评价工作。

9.0.2 应建立异常数据自动清洗机制。

9.0.3 应对每日异常数据占比进行分析,异常数据的处理方式应符合表9.0.3的规定。

表 9.0.3 异常数据处理方式

异常数据占比	处理周期	处理方式
≤15%	—	无需处理
15%～30%	巡检周期内	现场核实与整改
>30%	24 h内	现场核实与整改

9.0.4 服务于运行调度的排水管渠在线监测数据分析与应用,宜包括下列内容:

    1 分析排水管渠液位、流量数据,优化旱天污水管渠、泵站和污水调蓄池的运行。

    2 分析排水泵站进水管处的流量、水质数据,优化排水泵站和初雨调蓄池的运行。

    3 分析排水系统内易冒溢点液位数据和雨量数据,优化排水泵站雨水泵的运行。

    4 分析污水支线、干线的液位数据,优化污水干线运行方案。

    5 利用在线监测数据支持排水运管平台。

9.0.5 服务于运行监管目标的排水管渠在线监测数据分析与应用,宜包括下列内容:

1 比对排水管渠、地下水、河道的液位监测数据,排查排水管渠外水入侵,分析水质、流量监测数据,识别外水占比。

2 分析排水管渠的液位、流量、水质数据,识别雨污混接。

3 分析管道流量和气体监测数据,识别污水管道淤积。

4 比对排水户流量、水质在线监测数据和污水排放标准,识别污水超标排放。

5 分析雨天时降雨、液位、流量在线监测数据,判断雨水管渠达标建设情况。

6 分析排水管渠液位、流量和水质监测数据,评估排水管渠运行状态。

7 分析气体监测数据,识别排水管渠内有毒有害气体集聚情况。

8 分析结构健康监测数据,评估排水管渠结构的状态。

9.0.6 服务于排水模型率定验证的排水管渠在线监测数据分析与应用,宜符合下列规定:

1 宜利用排水管渠在线监测数据,支持排水模型的率定与验证。

2 不同排水分区的监测数据,排水模型宜分片区进行率定和验证。

3 比对在线监测数据与排水模型成果,可定量评估排水管渠能力。

9.0.7 服务于污染物溯源的排水管渠在线监测数据分析与应用,应符合下列规定:

1 宜根据在线监测数据,建立污染物排放特征库。

2 污染物溯源应基于排水管渠拓扑关系开展。

3 宜采用水质特征因子检测技术开展污染物溯源。

4 水质特征因子检测技术选择水质特征因子时,宜排除管道中生化降解和自然沉降等因素对上、下游节点浓度降低的影响,且应考虑生活污水水质浓度波动对判断的干扰。

5 雨天不宜以降雨量小于 10 mm 期间的水质监测数据作为分析数据。

9.0.8 服务于排水管渠运行状态评估的排水管渠在线监测数据分析与应用,宜包括下列内容:

1 利用旱天的液位、流量和水质监测数据,比对供水数据,对污水管道的旱天入渗、溯源和定量分析。

2 基于雨天的降水量、液位、流量和水质监测数据,对监测区域内污水管道的雨天入流量进行定量分析。

本标准用词说明

1　为便于在执行本标准条文时区别对待,对要求严格程度不同的用词说明如下:

　　1）表示很严格,非这样做不可的用词:

　　　　正面词采用"必须";

　　　　反面词采用"严禁"。

　　2）表示严格,在正常情况下均应这样做的用词:

　　　　正面词采用"应";

　　　　反面词采用"不应"或"不得"。

　　3）表示允许稍有选择,在条件许可时首先应这样做的用词:

　　　　正面词采用"宜";

　　　　反面词采用"不宜"。

　　4）表示有选择,在一定条件下可以这样做的用词,采用"可"。

2　条文中指明应按其他有关标准、规范执行时的写法为"应符合……的规定"或"应按……执行"。

引用标准名录

1 《外壳防护等级（IP 代码）》GB/T 4208
2 《室外排水设计标准》GB 50014
3 《自动化仪表工程施工及质量验收规范》GB 50093
4 《城市排水防涝设施数据采集与维护技术规范》GB/T 51187
5 《城镇排水管道维护安全技术规程》CJJ 6
6 《城市地下管线探测技术规程》CJJ 61
7 《城镇排水管渠与泵站运行、维护及安全技术规程》CJJ 68

上海市工程建设规范

城镇排水管渠在线监测技术标准

DG/TJ 08—2445—2024
J 17506—2024

条 文 说 明

2024　上海

目　次

Contents

1 总 则

1.0.1 城镇排水管渠在线监测是动态了解排水管渠运行情况的重要技术手段,有必要建立统一的排水管渠在线监测技术标准,规范排水管渠在线监测工作,提高在线监测的数据质量,为实现排水管渠数字化奠定基础。

1.0.2 本标准适用的排水管渠包括本市城镇雨水管渠和污水管道(包括合流管道)。

3 基本规定

3.0.1 排水管渠在线监测是动态了解排水管渠运行情况的重要技术手段。目前,在大部分排水管渠在线监测系统设计与实施过程中,主要关注监测设备的性能指标和现场安装,往往忽视了方案制定,从而导致排水管渠在线监测布点不合理,不能获得排水管渠规划设计和运行管理所需的有效监测数据,不能对提升排水系统运行管理水平起到支撑作用。

应采用系统性思维开展排水管渠在线监测工作,重视在线监测方案的编制,根据实际需求制定,包括科学确定监测内容、对监测设备进行有效的点位布设,选择适应于现场工况要求的专业监测设备,按照规范的流程和要求进行设备安装,并在监测过程中开展及时有效的运行维护工作,支撑获得可靠、有效、及时、准确的在线监测数据,从而为排水管理提供真正有效的数据依据,支持排水管渠的规划设计和运行管理,为实现排水管渠数字化奠定数据基础。

3.0.2 运行调度监测和运行监管监测是排水管渠在线监测的两个主要目标。运行调度监测、运行监管监测均应采用长期固定监测。

运行调度监测是配置基本的监测设备,掌握排水管渠的实际运行情况,保证排水管渠正常运行,识别薄弱环节,分析运行风险,从而达到优化排水管渠的运行调度模式,改善运行效果,发挥排水管渠最大效能。

运行监管监测是对"排水源—管渠—排口—水体"这一排水全过程中的部分或全部进行监测,实现排水全过程运维和管理。针对排水管渠出现的紧急事故,如区域积水、管网溢流、管网坍塌、管网阻塞等,通过排水管渠在线监测及时进行预警和报警,从而能够尽早采取有效措施。

其他目标监测包括:利用在线监测提供排水管渠模型率定与验证所需要的液位、流量和水质数据;对管渠运行状态进行评估;利用污染物溯源手段针对性地对管渠进行排查,识别分流制污水管渠和雨水管渠的雨污混接情况并进行定位等。

其他目标监测可在长期固定监测的基础上增加布点,增加的布点宜采用临时监测方式。

3.0.3 本条规定了排水管渠在线监测的内容。其中,运行调度需密切关注的参数主要是液位、流量和水质。

运行监管需要关注的参数,在上述 3 个参数的基础上,再增加降水监测、气体监测、井盖监测、结构健康监测和视频图像监测等内容。

3.0.4 可靠是指在线监测设备应满足防水、防爆、防腐蚀、供电、通信、防高温、防盗、防电磁干扰、易维护等要求,可以长时间稳定持续监测,从而保障在线监测数据的准确性、有效性和连续性。适用是指排水管渠位于地下,环境恶劣、工况复杂,在线监测设备应能适用于排水管渠的实际工况。经济是指选用的排水管渠在线监测设备价格应经济合理。

3.0.5 在线监测方案布点图需要采用不同的图标,对不同类型的监测设备的监测点位进行标记,直观展示监测点位的数量和分布,并对已有的监测点位进行统一标注,符合《关于开展排水系统"厂、站、网"一体化运行监管平台建设的实施意见》(沪水务〔2020〕192 号)中"一张图看到底"的设计思路。

3.0.6 本条强调了排水管渠在线监测数据宜与排水运管平台中泵站、调蓄池、污水厂等数据一并分析,"厂、站、网"一体化运行,发挥出排水管渠在线监测数据的最大价值。

3.0.8 排水管渠在线监测应该是一个长期的过程,为了逐步提高和改进系统的运行绩效,需要根据前期监测结果对监测布点方案进行持续的优化调整。当监测数据不能支撑监测目标或监测点位的重要性发生变化时，要对问题进行诊断，进而增补或调整监测点位，通过更改监测方式、调整监测内容等手段对监测方案进行优化调整，保证监测方案始终具有针对性和有效性。

3.0.9 操作人员在现场操作时，应采用便携式有毒有害气体监测设备，对有毒有害、易燃易爆气体进行检测，进入有限空间前还应检测氧含量浓度。

4 在线监测方案编制

4.0.2 编制在线监测方案前,应收集相关资料。

1 排水系统的服务范围、管渠拓扑结构和运行管理数据等是制定监测方案的基础,基于对排水管渠拓扑关系的分析,识别上、下游管渠分布和连接特征,为监测点位的布设提供依据,也是之后现场踏勘依据的重要资料规划,可从设施的运行管理单位处获得,数据频次宜为分钟级。编制在线监测方案前应收集排水设施相关规划和排水管渠测量资料,其他资料应根据方案编制需要选用。

2 排水系统的规划包括雨污水规划、海绵规划和水利规划等上位规划和排水系统专项规划,有助于了解方案编制范围内排水设施的规划目标和要求,优化监测布点,保障监测方案的长效性,可从水务管理部门取得;排水系统的设计、建设和竣工资料是管渠在线监测确定布点的基础,可从资料档案、雨污混接调查、管道 CCTV 监测报告等处获取。

3 管渠测量资料、管渠养护和大中修情况可用于评估修正管渠实际的几何形状和尺寸与规划设计的差异,以及检测管渠中可能存在的障碍物、损坏和堵塞等情况。测量、养护和大中修情况可以为在线监测系统提供详细资料,反之在线监测系统可以为养护大中修提供实时数据,有助于制定更加科学和精准的维护计划,提高维护效率和质量。

4 河道、湖泊、近海等受纳水体的空间数据包括河道蓝线、流向等;监测数据包括监测断面、监测设备布点资料以及水位、流量、水质等;运行方案包括泵/闸的设施、调水方案、管理模式等。这些数据与监测区域的污染源控制目标密切相关,可从水环境相关的管理部门处获得。

5 现有排水设施,受纳水体,下立交、地道和道路等易涝点的监测布点和监测数据:与城市交通设施相关的监测布点和监测数据(包括视频资料)可以支撑积水内涝监测点位的布设,可从交管、路政部门处获得;现有的监测方案和监测数据,不仅可以为监测方案的制定提供依据,还可避免重复监测,采集的监测数据还能与历史监测数据进行比较,为后期数据校验提供依据。如仅监测污水系统,可不收集此资料。

6 易涝点历史积水数据是雨水管渠设施监测布点的基础,可从排水管渠运行单位、监管部门处获得。如仅监测污水系统,可不收集此资料。

7 包含台风等极端气象条件的历年降水资料可以支撑降水监测点位的布设,也可以作为数据校正依据,可从排水设施运行单位或气象服务部门获得,数据频次宜为分钟级。

8 监测区域内或附近 2 km² 区域内已有的排水模型的应用分析资料可支撑在线监测点位布设,可从排水设施运行单位处取得。

9 控制性详细规划、土地利用规划等涉及人口、用地类型的资料是制定布点方案和开展数据分析应用时流量计算的基础,可从自然资源管理部门处获得。

10 地形图、水文地质资料是指监测范围内的相关资料,可支持布点方案的编制。

11 重点排水户指的是被环保行政管理部门纳入重点监测的排水户。重点排水户的类型、分布、排水量、排水过程线、排放标准等资料服务于源头监测,对监测布点、监测内容、数据采集频率有指导作用,可从重点排水户或排水监管部门处取得。

监测方案所收集的资料应为在线监测方案的一部分,并做好档案管理工作。

4.0.3 编制排水管渠在线监测方案时,首先需要描述方案制定的背景,分析并提出监测区域所面临的问题。其次,以目标和问题为导向,收集相应的资料,对监测区域基本条件和排水设施现状进行分析;如有需要,还要分析相关规划要求,制定监测方案的技术路线。接下来完成监测布点,该部分是监测方案的核心内容,需要遵循监测布点的基本要求与原则并基于排水管渠的相关资料进行。监测设备是在线监测数据质量保障的关键环节,因此在方案中需要对监测设备的选型进行阐述,并需要介绍监测设备安装和后续的配套工作,包括数据采集和存储、设备安装验收和维护、数据分析和应用等。监测方案最后应明确投资估算、工作组织和实施计划等,且要包括人员编制、劳动保护等内容,以保障监测方案的有效实施。

4.0.4 监测对象包括排水管渠范围内排水户/雨水接户井,分支管渠节点,主干管渠节点,与泵站、调蓄池、污水厂等设施进出口连接管道和雨水出水口等。监测内容主要包括雨量、液位、流量和水质、气体浓度等工艺参数、井盖等设备运行状况、结构健康状况、视频图像等辅助指标。监测点位布局应形成监测布局图。在监测频次上,应对数据采集和通信频次进行统一设置,非汛期时可适当降低频次。在线监测布点应按本标准第 5 章的相关规定执行。

4.0.5 本条规定了监测设备选型的主要内容。监测设备选型应按本标准第 6 章的相关规定执行。

4.0.6 本条规定了监测方案中应明确数据的采集、传输和存储方式。数据采集、传输与存储应按本标准第 7 章的相关规定执行。

4.0.7 设备维护计划需要明确指出设备的巡检周期、校验周期、清洗周期、加固方式、供电维护方式等;软硬件升级维护计划包括软件维护人员数量和分工、软件更新周期、数据安全管理措施、数据备份方式等。对于部分易于损耗的在线监测设备,可在方案中明确强制报废年限。对于设备安装、巡检与校验应按本标准第 8 章的相关规定执行。

4.0.8 本条规定了数据分析与应用的主要内容。数据分析方法需要明确指出,对于数据可能出现的缺失值、突变值、零值等问题,应采用何种方法对数据的质量进行评价,采用何种方法对数据进行修正和统计分析;数据应用应明确指出在不同的监测目标下,采用何种方式对数据统计分析,并明确列出所用到的方法。数据分析与应用应按本标准第9章的相关规定执行。

5 在线监测布点

5.1 一般规定

5.1.1 本条说明了合适的在线监测点位的特征。

4 倒虹段、顶管段、盾构段检查井多为沉井或改造后的工作井,井室较大、监测设备不易安装,管道流态复杂,流速、流量等参数监测难度较大。

5 接入流量与输送流量的比值较大,必然会对下游管段的流量和水质产生较大的影响。而且接入流量大,说明附近的用水人群较多或者有排水大户,如大型的工业企业,宜考虑设立监测点。

布点时应注意监测点之间保持一定距离。如果监测点离得太近,比如上、下游相邻的两个检查井,测量的数据就容易具有相关性,一个监测点的数据就可以代表另一个监测点的数据,这样就可以减少监测点数量,从而减少监测成本。

5.1.2 监测点位应具备实施条件,包括具有进出场地的通道、安装维护的场地、设备安全等。需要对井盖无法打开、与图纸不符、不具备安装条件、网络无法覆盖甚至现实中找不到的点位进行调整。

5.1.3 为避免重复建设,当其他部门已设监测设备所采集的数据满足监测方案需求时,宜采用数据共享的方式统筹利用。可统筹利用的数据包括气象部门所采集的雨量数据、公安交警部门所采集的视频图像(道路积水)、环保部门所采集的重点排水户水质流量数据、其他排水设施运行管理主体所采集的流量、水质数据等。

5.1.4 为提高在线监测的实施效果,宜采用排水管渠数学模型优化监测点位。

例如,可以利用监测区域的排水模型通过设置多种情景模拟得到各情景下所有节点监测内容对应的状态曲线,对节点进行初步分组;计算节点状态曲线间相关性,加权平均得到相关性矩阵,依据相关性大小进行聚类;根据聚类情况,在同类节点中选择与其他点平均相关性最大的点作为检测点;对检测点进行检验和调整,确定最终监测方案,并给出监测方案优劣的定量化评价指标。

5.1.5 整体监测、分区监测和精细监测三个监测层级逐级加密,对管渠监测的覆盖比例逐级增加,监测对象逐级丰富,监测数据的颗粒度也逐级精细。整体监测是对区域整体情况监测,主要针对末端节点,监测覆盖密度有限,掌握区域排水的基本负荷,支持基础性管理工作的开展。分区监测着眼于分析系统与末端设施的匹配性,在排水分区内部根据主干管道走向做进一步的区分。精细监测需细化各重要节点监测,覆盖排水系统"源头—过程—末端"的全过程,形成精细化的监测体系;对于污水系统,纳入对典型/重点排水户的监测,对于雨水系统则纳入海绵城市改造项目或低影响开发项目的监测。

三个层级监测点位数量的确定需要以各监测层级重要性和监测目标为依据,在进行数量量化时应优先满足各排水系统内布设数量的要求,再复核是否满足每千米管道监测点个数指标。

泵站放江日益受到关注,另有文献研究表明,分流制自排排水管道的初雨污染亦应得到重视,故排水管渠在线监测布点时,分为三个监测层级,由粗到细,获取排水管渠的运行数据。根据统计,目前新建自排区域排水管道排口为 DN1000~DN1350,故本标准要求在 DN1000 以上自排排口监测布点。

分析本市防汛能力调查与评估报告中的管网长度数据,中心城区排水系统内(雨水、合流管道)管网密度 5 km/km² ~11 km/km²,结合不同监测层级对监测点位布设密度的需求,故规定整体监测层级下,每 10 km 长度不应少于 1 个监测点,覆盖最主要的节点,能够了解片区的整体排水规律;随着监测布点密度的增大,规定分区监测层级下每 5 km 长度不应少于 1 个监测点,在此密度下可覆盖一些分支节点,支持管渠问题的初步诊断与分析;在精细监测层级下,规定监测密度为每 2 km 长度不应少于 1 个监测点,且加入对排水户接户井和雨水接户井的监测,可实现从源头到末端各级监测点的覆盖,支持溯源分析。

本市中心城区采用集中外排输送后处理的形式,污水干线总管是污水系统的重要组成部分,本标准单列了污水干线总管的监测布点要求。

5.1.6 整体监测是对区域整体基本信息的掌握,是后期持续开展监测的基础,尤其对于基础资料较差区域,可尽快掌握区域排水特征;在整体监测的基础上,再开展分区和精细监测,可进一步支持区域排水的精细化管理。

5.2 运行调度监测布点

5.2.1 排口所在河湖水位应实时在线监测。如果排口处有堰,则监测堰上水位;如果是由泵站排水,则监测出水井水位。

削峰调蓄池指在降雨期间暂时存储一定量的雨水径流,削减向下游排放的径流峰值流量,以延长排放时间,实现削峰为目标的调蓄池,位于分流制雨水系统内,削峰调蓄池进出水管一般均为雨水管道。

控污调蓄池指收集初期雨水,实现径流污染控制为目标的调蓄池,控污调蓄池进水管一般为雨水管道,出水管一般为污水管道。

污水调蓄池指用于调节污水干线的峰值流量,削减污水处理厂进厂水量波动的调蓄池,污水调蓄池进出水管均为污水管道。

5.2.2 污水干管关键节点指支管接入流量较大,或支管接入流量与污水干管输送流量之比较大的节点。

5.2.3 污水干管一般为长距离输送管道,在管道内较难设置监测设备,可利用闸门井等设施。

在污水干管内如不适合安装流量计,可在排水运管平台中与中途提升泵站的流量数据作比对校验。

5.3 运行监管监测布点

5.3.1 雨水支干管关键节点主要指监测范围内最不利点的水位。雨水总管关键节点主要指汇水节点或分水节点,用于分析管道水力运行状况、是否堵塞等。雨水泵站排口、自排排口和调蓄池的水质监测,以 SS 为主,宜增设 ORP、氨氮和 $CODcr$。

5.3.2 水质指标宜以原位监测指标为主,应根据具体监测目标确定参数。污水支线关键节点主要指支管接入流量较大的节点。

5.3.4 目前,对于底泥监测并没有成熟的在线监测设备。现有的在线监测设备对维护的需求较高,设置时应考虑维护的便利性。

5.3.5 雨量数据可从气象部门获取。

5.3.6 视频图像监测可与公安、交警等部门,共享视频图像。

5.3.7 本条为保障排水设施安全运行的措施。

1 污水输送管道透气井直接将管道中集聚的有毒有害气体排放至大气,宜进行在线监测。本市职业病防治条例也有相应的要求。

2 重点排水检查井包括安装监控设备的检查井、设在绿化内易被植被掩盖难以寻找的检查井以及位于工厂居民区等非市政道路红线范围内不易前往维护的检查井。

3 根据目前的结构健康监测技术,所有管渠进行健康监测成本不可接受。现阶段建议在大直径管渠的重要位置(穿越关键节点、特殊井口、倒虹段等)设置结构健康监测。对于新建工程,结构健康监测宜包含应变监测、应力检测、变形监测、渗漏监测、耐久性监测。对于既有和改造工程,结构健康监测宜包含变形监测、渗漏监测。

5.3.8 对于排口和重点排水户接户井,当安装维护条件受限时,优先采用原位在线监测设备。在有条件的情况下,可采用分流监测方式安装多指标水质在线监测设备。不具备条件的情况下,可采用采样器,在流量突变时自动采样,将水样送至实验室化验。对于非汛期有排水的雨水排口宜优先选择自动采样器。经执法监测认定水质超标并发生行政处罚的重点排水户,应落实在线监测,不应采用自动采样器采样送检的形式。

医疗、宾馆、酒店等排水户常采用含氯消毒剂消毒,如果消毒剂使用过量,其污水通过污水管道进入下游污水处理厂时会对功能微生物产生不利影响,因此可增加余氯等特征指标的监测。

采样化验可根据排水户的污染物排放特征,增加硫化物、重金属(铜、铬、锰、镍等)等指标。

《城镇污水处理提质增效三年行动方案(2019—2021 年)》(建城〔2019〕52 号)中重点关注城市污水处理厂的进水生化需氧量(BOD_5)浓度,但城镇污水处理厂主要承接生活污水,其有机物主要为易降解的有机物,可在在线监测过程中使用 COD_{cr} 代替 BOD_5,同时,相对于监测的难易程度来说,COD_{cr} 比 BOD_5 更简单方便。COD_{cr} 的监测可采用分流监测方式或通过在线采样器采样后送实验室化验。

5.4 其他目标监测布点

5.4.1 模型率定验证的监测密度应根据需求确定,污染物溯源的监测密度和监测内容应根据需求确定。

5.4.2 管渠节点包括重要排水设施,如泵站、调蓄池、污水厂的进水设施以及雨水排口等。对于排水防涝的模型,还要增加历史内涝积水点附近管渠节点和源头减排项目的雨水接户井;对于污水系统的模型,还建议增加典型排水户的接户井。

5.4.5 污染物溯源是指利用三维荧光水质指纹图谱、水质特征因子等技术通过数据分析判断管道内污染物来源的分析方法,广泛应用于水污染事件时事故源头的定位。污染物溯源一般操作步骤如下:

  1 采集溯源区域内排水户的水质污染指纹图谱和流量数据,建立污染物排放特征库。

  2 在排水管渠内布点,获取不同断面处的污染物图谱数据,由下游向上游逐步比对排水户排放特征库与管道监测点位的污染物图谱数据,根据目标污染物贡献率缩小目标范围。

  3 逐次排查最终确定特定排水户。污染物溯源可通过资料排查等提前锁定目标污染物,减少监测点位和频次。

  4 宜根据排水管渠所在区域的生活污水、工业污废水、地下水、河水水质特点进行选择水质特征因子。表1列出了典型水质特征因子。

表 1　典型水质特征因子

检测技术	监测指标	是否有在线监测仪表
典型水质特征因子	化学需氧量 COD_{cr}	√
	氨氮 NH_3-N	√
	总氮 TN	√
	悬浮物 SS	√
	总磷 TP	√
	总硬度	√
	电导率 Ec	√
	钾 K^+	√
	重金属	√
	表面活性剂	√

判断排水管渠中存在生活污水的参照值如表 2 所示。灰水水样取自旧式居住小区建筑内洗涤盆、洗衣机的排水管出口检查井,黑水水样取自小区化粪池入口检查井。

表 2　生活污水水质特征因子浓度参考值

水质参数	以洗涤废水为主要特点的灰水		以粪便污水为特点的黑水	
	范围	均值	范围	均值
CODcr(mg/L)	142~387	285	426~803	575
氨氮(mg/L)	3.6~9.6	6.1	46.8~109.3	76.8
磷酸盐(mg/L)	0.47~1.36	0.89	4.16~7.74	5.87
总氮(mg/L)	12.3~40.0	22.4	54.2~121.6	99.2
表面活性剂(mg/L)	1.86~7.64	3.46	0.83~1.92	1.31
钾(mg/L)	12.9~36.7	23.6	25.0~56.0	37.6
钠(mg/L)	22.2~68.3	38.7	16.7~63.7	44.3
氯化物(mg/L)	26.0~76.0	51.9	89.0~252	153
电导率(μs/cm)	432~1 058	810	1 314~2 044	1 786
安赛蜜(μg/L)	1.07~1.78	1.47	27.9~51.2	37.2

注:1　CODcr、氨氮、磷酸盐、总氮、表面活性剂、氯化物、电导率是在某居住小区连续一周实测结果,每 3 h 取样 1 次。

　　2　钾、钠、安赛蜜为连续 48 h 的实测结果,每 3 h 取样 1 次。

判断排水管渠中存在工业废水的参照值如表 3 所示。其中,pH 值和电导率具有快速监测的优势,通常用来间接表征工业废水的接入。工业废水中的电导率与钠、钾、氯化物等具有较好的相关性,因此电导率值升高时,相应食品、医药、纺织、造纸、皮革、无机化工、计算机、通信和其他电子设备制造废水接入的可能性大。生活污水中不含有重金属,因此重金属包括铜、银、镍、铬、铅等的检出表征工业废水接入,主要来自金属制品及设备制造、计算机、通信和其他电子设备制造废水等。

表3 工业废水水质特征因子浓度参考值

指标参数	参照值	来源
电导率	≥2 000 μS/cm	食品、医药、纺织、造纸、皮革、无机化工、计算机、通信和其他电子设备制造废水
pH 值	≤5 或≥8	酸性或碱性废水
总氮	≥100 mg/L	食品、皮革及制品加工、石油、炼焦等废水
磷酸盐	≥8.0 mg/L	食品、机械制造、计算机、通信和其他电子设备制造业等废水
钾	≥40 mg/L	食品、医药制造等废水
钠	≥60 mg/L	食品、纺织、金属制品、皮革、造纸、医药废水
氯化物	≥160 mg/L	食品、无机化工、纺织、造纸、皮革、医药、计算机、通信和其他电子设备制造废水接入的可能性大
氟化物	≥1.0 mg/L	计算机、通信和其他电子设备制造废水接入的可能性大

硬度是表征地下水的特征因子之一。表4中,浅层地下水的硬度值高于生活污水中的数值。因此,在外来水入渗调查时,硬度是合适的检测指标。当上、下游水质浓度降低但硬度值增加时,则存在外来水入渗。

表4 本市地下水含水层和生活污水的硬度值对比

数据来源	浅层地下水硬度均值(mg/L)	生活污水硬度均值(mg/L)
上海	457	162

5.4.6 流向监测设备是一种测定排水管道、检查井中水流方向,并将顺流、逆流指示信号向外传输的监测装置。其成本较低,可在雨水井内高密度安装流向监测设备,通过流向分析反向排查排污流向,排查雨污混接。

6 设备选型

6.1 一般规定

6.1.1 监测设备有些安装于井下,日常运行环境湿度大,存在水浸甚至淹没的可能性,在此条件下仍需要保障设备能够正常工作,就需要设备达到 IP68 的防护等级。

部分在线监测设备为分体式设备,分为传感器和变送器两部分。负责测量的传感器存在被水淹没的工况,应达到 IP68 的防护等级,市场上也能采购到相关设备。负责数据存储与传输的变送器一般不会直接与水接触,设备商从造价考虑,往往不会将变送器的防护等级做得很高,变送器安装在井下时,应将变送器安装在设备保护箱内,并做好防水防腐措施。

6.1.2 排水管道中生活污水、工业废水中所含的有机和无机物质,在密闭的条件下容易发生复杂的物理、化学、生物反应,产生易燃易爆气体,故对监测设备有防爆要求。监控设备可采用本质安全型或本质安全兼隔爆型的防爆结构,应符合现行国家标准《爆炸性环境 第 1 部分:设备 通用要求》GB/T 3836.1、《爆炸性环境 第 2 部分:由隔爆外壳"d"保护的设备》GB/T 3836.2 和《爆炸性环境 第 4 部分:由本质安全型"i"保护的设备》GB/T 3836.4 的规定,达到 1A 类电气设备要求。同时需要注意的是,对于安装在密闭空间内的监测设备,整体设备均应满足防爆要求,而不仅仅只是传感器部分,以保证设施安全。

6.1.3 排水管渠的检查井,特别是污水管渠的检查井中,存在一定的腐蚀性物质。因此,所选择的在线监测设备应根据现场工况进行针对性的选型,在结构设计、材料选择、加工制造等方面,需要满足防腐要求,从而保障在线监测设备的可靠性和安全性。同时需要注意的是,对于在含有腐蚀气体环境下安装的整体设备均应满足防腐要求,而不仅仅只是传感器或壳体等部件,以保证整体设备能在该环境下长期持续地运行。

6.1.4 在线监测设备的供电环境涉及水下和潮湿环境,应符合现行国家标准《民用建筑电气设计标准》GB 51348 和《供配电系统设计规范》GB 50052 的规定,宜按三级负荷设计。

不是所有排水管渠点位都适合采用公共电网供电,同时,考虑到施工方便,监测设备推荐采用电池方案供电。其中,当电池安装在井下时,所处环境密闭复杂,存在爆炸风险,应采用防爆型电池供电。为减少频繁的现场更换电池工作,避免因多次打开设备从而降低了防水防爆的保障度,应保证更换一次电池监测设备可以连续正常监测和信号传输 6 个月以上,以达到 12 个月以上为佳;在采用太阳能供电时,为保证在连续阴雨天气监测设备能正常工作,要尽可能选用高聚能的充电电池,可适当减小电池容量,确保在无日照条件下持续供电时间不少于 15 d,以达到 1 个月以上为佳。

6.1.5 考虑数据的持续性,在外部电源中断时,应能保证在线监测设备的已有数据不丢失。

6.1.6 在线监测设备采集数据后,需对数据进行传输,基于临时监测、轮换监测等监测方式对设备便携性、可移动性的考虑,为保障在线监测设备传输通信的稳定性和可靠性,宜优先采用无线网络通信,避免额外铺设网线等工作;在没有无线信号覆盖的区域,或者有线网络接入方便且不影响设备可移动性的情况下,可采用有线网络,也可以考虑使用 LORA、NB-loT 等短距离无线通信技术,将井下数据通过本地无线网络方式传输到附近的中继器,再通过中继器的公有无线网络将数据传输到监控数据中心,通过这种分体式方式,解决井下设备无公共通信信号或公共通信不稳定的问题,并可以延长井下设备的电池使用寿命,降低监测设备运行维护成本。

6.1.7 固定监测时,监测设备需要长期且连续收集数据。在设备正常工作情况下,数据可以自动传输到监测系统,但通信中断时,为避免数据丢失,需要具有自动缓存数据的功能,保障数据长期稳定地积累,在通信恢复后,应自动续传历史数据。

6.1.8 一个区域内,所有在线监测设备的时间戳一致对于数据分析对比具有重要意义。对于在线监测设备,由于要周期性与监控数据中心进行交互,因此可以实现在线监测设备与监控数据中心的时间戳一致,定期进行时钟自动同步,确保各个在线监测设备的相互时间差异不大于 5 s,从而保证该区域所有排水管渠在线监测数据在时间尺度上的统一性和可比性,便于监测数据的分析对比。可采用北斗校时系统,提供在线监测系统的时间戳。

6.1.9 在防雷中可采取下列避雷措施:

    1 天线系统应根据具体情况安装合适的避雷装置。

    2 市政供电电源输入端应采用可靠的电源避雷措施。

    3 裸露在外的监测设备可安装避雷针,避雷针的接地电阻应小于 4 Ω。

6.1.11 排水运管平台支持用户输入软件网址授权登录后,对相关配置信息进行修改。在涉及监测设备的运行参数修改后,用户不需要到现场,当在线监测设备下一次与监测管理软件做远程信息交互时,自动将用户修改的相关运行参数同步到监测设备本地,避免设备运行参数配置修改需要到现场进行操作的工作量,提高监测设备管理的工作效率。

6.1.13 自诊断、自校验功能可确保在线监测设备在使用过程中监测数据的可靠,维护过程中更快捷、方便、高效。

6.2 液位监测设备

6.2.1 不同的传感器具有不同的适用范围,常用的液位监测传感器主要为压力传感器、超声波传感器和雷达传感器，不同传感器的技术对比见表5。为避免单一传感器测量的盲区和局限性，可采用2套不同监测原理的液位监测设备，或采用1套具备双传感器的液位监测设备，以提高监测数据的可靠性和稳定性。

表5　压力传感器、超声波传感器、雷达传感器的技术对比

项目	压力传感器	超声波传感器	雷达传感器
优点	无盲区；不受容器结构影响；不受电磁波、气泡和悬浮物干扰；功耗低	与介质无直接接触；耐腐蚀性强；准确度较高；安装简便；部分型号拥有自清洁功能；抗冷凝、抗粘附；部分型号有自加热功能；抗结霜和结冰	盲区小；与介质无直接接触；耐腐蚀性强；准确度高；安装简便；可以在同一点位安装多台；信号不受干扰；受气象层环境影响小，如烟雾、粉尘
缺点	与介质接触；需要较高防腐等级；准确度和最大量程相关；需要将线缆浸没于水中；长时间使用容易发生漂移	有测量盲区；受容器几何结构特性影响较大；不适用于有气泡、旋流或悬浮物的介质；容易受电磁波干扰；功耗较高	严重粘附情况效果没有带自清洁的超声波好
适用条件	适用于各种条件的检查井监测，需要选择合适的量程，需要固定传感器	适用于液位变化较为平稳、液位不会满管或溢流、悬浮物和气泡少、不产生旋流、没有跌落、井室尺寸较大的检查井监测	适用范围相较于超声波液位计更为宽泛

目前，市场上已有配备压力和超声波（雷达波）双通道传感器的液位监测设备，正常情况下采用超声波（雷达波）传感器测量液位，当被水淹没时自动转为压力传感器持续测量，通过算法实现两个传感器的数据融合，避免盲区。

6.2.2 量程考虑了大部分排水管渠工况要求，不宜设置过高。如果是特殊工况，则可以在个别监测点位进一步增加对设备量程的要求。准确度的要求综合考虑了排水管渠运行规律、设备监测原理和安装环境等多个因素。在准确度的选择上，应保证能监测到大部分数据，只考虑全量程而不是测量值，是因为在液位过低的

情况下,监测设备很难满足测量值的准确度要求,而且过低的液位对排水管渠监测的整体影响较小,故本条不对测量值的准确度提出要求,只对全量程的准确度提出要求。

6.3　流量监测设备

6.3.1　由于排水管渠实际运行工况复杂,受上游管渠、下游受纳水体的影响,存在浅流(一般指液位低于 5 cm)、非满流、满流、管道压力过载、低流速(流速小于 0.1 m/s)等不同的运行状态,且存在固形物、颗粒物携带、管道底泥沉积等复杂流体工况,应根据现场实际工况,选择合适的传感器。

适用于排水管渠的流量监测设备,可分为接触式测量和非接触式测量。接触式流量计主要为电磁流量计和超声波流量计,非接触式流量计主要为雷达流量计。

如测量的管渠存在浅流工况,当采用超声波流量计时,可对传感器的厚度提出要求,宜小于 2 cm,以实现更低的测量下限值;如测量的管渠存在低流速工况,可要求设备能最小测定 1 cm/s 的流速。因此,在设备选型时,需要注意设备是否具备上述专业特征,是否针对复杂工况做针对性处理,是否满足多种工况的监测要求,应选择专业适用的流量计开展流量监测工作。

6.3.2　电磁流量计基于法拉第电磁感应定律,在三种流量计中,测量准确度最高,维护工作量最小,满足电磁流量计使用条件的工况下,应尽量使用电磁流量计。电磁流量计安装时需停水,一般适用于新建项目。

6.3.3　工况复杂的排水管渠是指存在浅流、非满流、满流、管道压力过载、低流速等不同的运行状态的排水管渠。比如雨水管道管,下雨时为非满管重力流,设计流量下为满管重力流,大雨时管道超载为压力流。

超声波流量计采用多普勒超声波原理或超声波互相关原理。

雷达流量计采用非接触式表面积流速法原理。超声波流量计和雷达流量计,适应浅流、非满流、满流、管道过载、逆流等状态下流速和流量的监测,适用范围较广。

时差法测量原理流量计多用于净水测量,排水中使用较少,本标准不作讨论。

普遍认为,相比雷达流量计,超声波流量计的准确度更高,且超声波互相关原理测量准确度高于超声波多普勒原理,但超声波流量计多为接触式安装,维护工作量较大。维护工作量取决于流量计传感器的安装位置,由于安装位置的不同,超声波互相关流量计的维护工作量低于超声波多普勒流量计。雷达流量计准确度略低,但因为是非接触式安装,维护工作量较小。

6.4 水质监测设备

6.4.1 相比于液位、流量监测,水质的在线监测更为复杂,涉及的参数指标更多,测量方式更多。

根据监测方式,主要分为原位监测和分流监测两大类。原位监测指的是不采集水样,监测设备的传感器直接投入排水管渠中进行水质分析的监测方式。分流监测指的是采集水样,将水样经采样管道输送到监测设备进行水质分析的监测方式。

pH 值、温度、电导率、ORP、固体悬浮物浓度、溶解氧、余氯等指标的原位监测传感器技术成熟,市场应用较多;化学需氧量、氨氮、总磷、总氮等指标,市场上虽有原位监测设备,但采用原位监测难度较大,准确性也不如分流监测设备(国标法采用的是分流检测方式),建议采用分流监测方式获取相关数据,或通过采样由实验室化验获取。特殊指标[硫化物、氯化物、重金属(铜、铬、锰、镍等)等水质参数]较难通过在线监测获得,可通过采样由实验室化验获取。

6.4.2 由于排水管渠运行工况不稳定,直接将尺寸较大的传感器采取原位监测方式浸没在水中,不仅会影响管渠正常排水,而且容易缠绕垃圾,导致测量数据质量不高,故要求传感器尺寸尽量要小,不容易在井下挂垃圾,污染物干扰小,传感器使用更换成本低,满足排水管渠复杂多变的工况,并获取较为可靠的监测数据。

6.4.3 当需要采用分流方式检测化学需氧量、氨氮、总磷、总氮、总磷等指标时,可以在检查井旁的地面上设置仪表小屋,在线检测设备均放在仪表小屋内。仪表小屋对面积、温度要求较高,建议设置在泵站或污水厂内。如采用小型化设备,也可以将设备安装到检查井内,这样可避免在井外安装占据地表空间,也可降低采样泵的扬程,实现快速安装部署。

为了提高分流监测的有效性,还可以采用原位监测数据超限值、定时监测、远程遥测等多种方式触发分流监测。

同时,在分流监测指标超限值后,采取一次或多次方式自动留样取证,实现"监测+留样"的结合,为排水管渠的水质变化规律持续监测、水质突变监测取证、偷排偷盗行为监测取证等提供数据支撑。

6.4.5 通过流量、水质等指标的在线监测,及时发现重点排水户可能发生的异常排放行为。排水户的检查井在线监测设备安装维护条件受限,优先采用小型化的原位在线监测设备,便于日常运行维护。相比传统的地面站模式,可以大幅降低安装难度和实施成本,实现快速安装部署。在设置时,应考虑小型化原位在线水质监测设备是否需要为执法监测提供依据,如需要提供依据的话,设备需通过本市环保监测部门认可。

6.4.13 自动采样器的主要用途是采集水样用于后续的人工化验,因此采样的要求应符合实验室化验的规定。在排水管渠正常运行工况下,自动采样装置无需持续采样,可根据监测需要触发采样;采样装置应支持人为控制下的远程、近程采样以及通过其他目标用途监测指标进行采样触发等多种方式,保障样品获取的及时有效性。为避免样品检测出现偶然性误差,需要支持平行样本的采集,采样瓶至少 2 个,单个容积 500 mL 以上,能够满足不同指标检测化验所需水量。当自动采样器安装于井下时,采取电池供电的方式,电池电容量不应过低,以减少电池更换次数。进行单次水样采集的时间不应过长,一般不超过 10 min,保证水样为某一时间点水质情况的反映,若采样时间过长,对应的水质情况可能已经发生变化。

6.5 降水监测设备

6.5.1 降水监测设备按测量原理,可分为直接计量(雨量器)、液柱测量(虹吸式与浮子式)、翻斗测量(单翻斗与多翻斗)、称重式雨量计以及采用新技术的光学雨量计和雷达雨量计等。其中,翻斗式雨量计具有技术成熟、性能稳定、功耗较低、安装维护方便、性价比高等特点,适合本市气候环境。

6.5.2 翻斗式雨量计技术指标综合考虑了我国大部分地区对降水测量的要求;根据现行国家标准《翻斗式雨量计》GB/T 11832 列出了不同降水条件下对测量准确度的要求,能满足绝大多数使用场景。分辨率的选择上,可分为 0.1 mm、0.2 mm、0.5 mm 和 1.0 mm 四种,根据排水管渠监测的需求,0.2 mm 已能满足要求,而且可以降低选择高分辨率时导致的翻斗频繁动作增加的设备故障风险。量筒防雨水滞留涂层能有效提高低降水强度条件下监测的准确性,是决定小雨过程中测量准确性的关键一环。

6.5.3 在进行排水管渠监测时,需要掌握不同雨情条件下管渠的运行状况。因此,在监测到降水时,应对降水数据及时记录和及时上传。

6.6 气体监测设备

6.6.1 排水管渠长期处于封闭状态,管道中生活污水、工业废水中所含的有机物和无机物,在微生物作用下进行厌氧分解,产生多种有毒有害气体,若发生泄漏可能危害周围人员的健康。另外,有些气体(如甲烷)具有可燃性,当浓度达到一定的限值可能会发生爆炸。因此,需要对有毒有害和易燃气体进行监测。职业病健康防治也有相关的要求。

6.6.2 排水管渠环境复杂,多种有毒有害气体混杂,气体监测设备应具备监测多种有毒有害气体的功能。不同监测点位的环境和运行工况有所差异,因而气体浓度的范围有一定的差异,主机量程具备可调整的功能就具有更广的适应性。

6.7 井盖监测设备

6.7.1 异常情况包括但不限于井盖受到破坏性打击、非正常手段打开、缺电等。身份识别的内容包括但不限于产品信息、权属单位、所属区域、坐标等。

6.7.2 随着物联网的快速发展,具备"新功能"的井盖监测设备层出不穷,有些厂家在井盖监测设备中增加液位、流量检测功能,相关设备在安装时应严格按照产品使用手册进行。井盖监测设备配套的液位、流量监测设备,其测量准确度满足本标准要求时,可替代专业液位计和流量计;不能满足本标准要求时,还应安装专业的液位、流量设备。

6.8 结构健康监测设备

6.8.2 振弦式应变计是利用振弦的固有频率变化来感测应变量

的传感器。光纤布拉格光栅(Fiber Bragg Grating,简称FBG)是以周期性刻蚀在单模光纤上的光栅作为敏感元件,外场作用下通过光纤光栅中心波长变化来获取结构力学指标及环境变量的一类光学传感技术,可以在结构指定点处提供高分辨率应变信息,也可以用光缆联合布置构成传感器的准分布式系统。FBG实测数据稳定,漂移小,抗腐蚀性好,其关键技术在于温度补偿、封装保护形式的设计。分布式光纤是利用光纤中传输光波的瑞利(Rayleigh)散射、拉曼(Raman)散射或布里渊(Brillouin)散射,无需具体的传感器,即可测量光纤沿线结构任意位置处应变与温度的感测技术,具有可靠、安全、稳定、经济、易于升级的优点。在管渠安装时,附加光纤铺设在管道表面或其内部,获得温度、应变或振动的微小变化,实现结构健康监测。对于有条件维修或更换条件的传感器,使用年限不宜小于10年。对于无条件维修或更换条件的传感器,使用年限宜同主体结构设计工作年限。

6.8.4 变形监测包括不均匀沉降、管道接口变形和管道环向变形等。倾角计通过电容微型摆锤,利用地球重力原理:当倾角单元倾斜时,地球重力在相应的摆锤上会产生重力的分量,相应的电容量会变化,通过对电容量处量放大、滤波、转换之后得出倾角。

6.8.7 恒温式渗漏传感器、分布式光纤等传感器可以通过温度变化,确定渗漏位置。

6.8.8 多探针腐蚀传感器、阳极梯腐蚀传感器可以通过监测氯离子含量、温度、阻抗等信息,判断混凝土腐蚀深度。

6.9 视频图像监测设备

6.9.1 摄像机拍摄是否清晰,像素是第一决定因素,故要求摄像机采用200万像素及以上。

夜间往往是区域企业偷排事件的高发期,但夜间光线较暗,会影响视频图像的清晰度,因此,摄像机应具有红外摄像功能,能够在光线较差的条件下补光。

设备安装时选择最佳安装角度,能够直接捕捉所关注区域的全部图像。当无法在一个画面中拍摄全部图像时,可增加摄像机数量或采用云台摄像机。云台摄像机具备一定的旋转范围,能全面捕捉图像,避免存在监测盲区而导致信息的遗漏。不建议采用广角摄像机,因为会造成图形畸变。大倍数的光学变焦便于捕捉关注点位的细节,避免只拍摄了大概而忽略了细节。

6.9.2 图像识别分为前端分析和后端分析,建议采用前端分析。当画面静止时可待机,前端设备无需存储和上传静止的视频图像,处于待机状态;当画面变化时,自动唤醒,识别溢流、内涝等事件,触发存储,向后台报警并上传视频图像;可进一步扩展前端分析能力,将视频图像等非结构化的数据转为积水深度、积水面积等计算机可直接利用的结构化数据,便于后续数据分析。采用后端分析技术时,能通过包括远程唤醒在内的多种方式唤醒拍摄,实时上传监测画面至后端系统分析,上传监测视频会占用网络带宽并产生大量资费。

6.9.3 视频图像监测设备存储功能可分为本地存储和后端系统存储。

根据管理需求,在事件发生或有特殊监测目的,如夜间对偷排进行取证时,监测设备需要长时间处于工作状态,并持续收集视频图像,需要至少保障存储 30 d 视频图像数据的容量。当采用后端系统存储时,若网络出现故障,无法及时上传,为保障历史信息不丢失,视频图像监测设备应具有一定容量的本地存储功能,并具备网络恢复后自动同步到后台的功能。网络发生故障时,规定在 48 h 内维护,故本地存储时间不应少于 3 d。

6.9.4 视频图像监测设备在供电方式上可以有多种选择,例如公共电网供电、太阳能供电。对于有线网络摄像机,还可通过以太网(PoE)供电,无需单独设置电源。无论采取哪种供电方式,为保障监测设备稳定工作,都需要对电源稳定性和安全性进行考虑,除了符合电压、电流等供电要求,必须保障不断电,能够实时采集所需视频图像信息。

7 数据采集、传输与存储

7.1 一般规定

7.1.1 本条强调了排水设施监测数据管理要统一标准,应在排水运管平台统一的框架下,按同一套标准,实现排水设施监测数据的统一管理,避免出现"孤岛式"、重复性建设。

7.1.2 设备监测数据,包括液位、流量、水质、降水量、气体浓度、井盖状态、结构健康参数、视频图像等数据;设备运行数据,包括电池性能、剩余电量、设备温度、监测时间、通信时间等数据;网络传输质量数据主要是记录数据传输时的网络质量,用于后续对设备数据传输问题的诊断。同时,对于每一个监测数据,都必须标注该数据采集的时间、空间特性,以及隶属领域、类型等内容,以便后续对数据的分析与应用。

7.1.3 为了更大程度地发挥监测系统的价值,应支持更多相关人员访问和使用排水运管平台。为了避免数据滥用,需要设置相应的权限功能。同时,排水运管平台应具备与"一网统管"多部门、多系统之间数据交换的功能,具有多种数据共享接口。在数据交换过程中,要防止数据因不合理使用而造成泄密或者破坏。因此,从系统直接功能使用和数据共享的角度,都需要设置用户权限管理功能。

7.1.4 排水管渠在线监测系统应符合现行国家标准《工业控制系统信息安全》GB/T 30976 和《信息安全技术 网络安全等级保护基本要求》GB/T 22239 的规定。因网络具备互联性,为保证网络安全性,排水运管平台应具备网络防非法接入认证要求,避免未授权终端接入整体网络,造成网络安全性事故。

安全和网络信息安全防护措施主要包括安全管理、安全协议、边界防护、安全隔离、网络探针、信息加密、密钥管理、签名与认证、安全测评等安全机制。

7.1.5 对于在线监测数据库,需要设计合理的数据库结构,满足监测数据采集、录入、校核、存储、查询、显示、分析的要求。在国家标准《城市排水防涝设施数据采集与维护技术规范》GB/T 51187—2016 附录 A 中,表 A.0.24 对监测点数据进行了规定,表 A.0.25 对液位、流量与雨量监测数据进行了规定,表 A.0.26 对水质监测数据进行了规定。现行行业标准《城镇排水管道维护安全技术规程》CJJ 6、《城市地下管线探测技术规程》CJJ 61、《城镇排水管渠与泵站运行、维护及安全技术规程》CJJ 68 也有相应的要求。排水管渠在线监测综合数据库的数据表设计应满足上述标准的规定。

7.2 数据采集与传输

7.2.1 本条给出的在线监测设备的数据采集和通信的时间间隔为区间范围。在降水期内,其间隔应适当缩短;在旱天,可适当延长,但不应超出区间范围。运营人员也可以动态调整数据采集与传输时间间隔,既可以满足运行管理需求,也可以在低风险时段适当延长时间间隔,增加电池寿命,降低设备运维成本。为提高监测设备管理的工作效率,可远程配置相关参数。

7.2.2 安全是数据传输中最重要的原则,传输中涉及的各类监测数据,需要加强对身份校验的安全控制,防止未授权的使用者查看、窃取或篡改数据。在保证数据安全前提下,各类数据应能够可靠、高效地传递和共享。数据传输过程中,应尽量降低传输的功耗,减少设备的能源消耗,延长电池的更换周期。

目前,本市移动通信网络覆盖较为完整,建议采用公共移动网络。

7.2.5 监控数据的重要性通常要大于视频数据,排水运管平台应优先保证监控数据的传输,应以技术手段实现监控数据与视频数据网络带宽隔离,避免带宽被视频流数据过多占用,导致监控数据包丢失或延迟。

7.3 数据存储

7.3.1 排水运营平台应建立综合数据库。数据库存储内容的可扩展性包括横向和纵向两个方面:横向可扩展性指的是字段的增删,即数据属性结构的增删;纵向可扩展性是指对数据记录的增删。数据存储最重要的是可靠性,因此安全高效的存储备份能力是基本要求。在条件允许的情况下,建议建立异地容灾存储备份机制;也可以借助相关公共服务的云平台,直接使用异地容灾存储备份功能,大大减少自建系统的投资。

7.3.2 为保证监测数据的可追溯、可检索,规定数据至少要保存10年,条件允许的情况下,建议延长数据保存时间,且做备份。所有监测数据均应先存储在数据库中,再进行清洗。

8 设备安装、巡检与校验

8.1 一般规定

8.1.1 排水管渠及附属构筑物中可能存在有毒有害气体,安装、校验和巡检维护人员存在中毒、坠落等风险,因此应严格遵守现行行业标准《城镇排水管渠与泵站运行、维护及安全技术规程》CJJ 68 中相关安全技术的规定。

8.1.2 监测设备要便于安装、维护。若监测设备的安装环境无法满足监测要求,可在同一管线的下游方向重新选择点位。若在现场安装过程中,发现距离原点位超过 500 m 仍无法满足监测要求,则需要重新布设监测点位。

8.2 设备安装与验收

8.2.1 在安装过程中,往往会更关注在线监测设备本身,而忽略其安装支架。一个好的支架安装方式不仅能便于设备安装检修,还能减少传感器缠绕垃圾。排水管渠环境恶劣,应采用不锈钢材质的安装支架,减少腐蚀,保证使用寿命。单个在线监测设备的安装宜在 3 h 以内。

8.2.3 对每个在线监测设备进行测试时,人工干预给予一定的物理量变化,测试其读数是否出现相应变化。

8.2.4 浸没安装的监测设备安装后对管道排水能力的影响是不可避免的。较为严重的话,会造成排水管渠中垃圾的堆积并干扰传感器正常工作,严重影响监测数据的准确性以及管道排水安全。因此,在实际应用中,需要选用合理的安装方式,减少对排水能力的影响。

8.2.7 超声波液位计的盲区一般为 0.3 m,应保证传感器距离最高液面的距离超过 0.3 m,既可以避免盲区,又避免液位异常上升淹没传感器表面。非接触式液位传感器安装在检查井内时应与池壁保持足够的距离,满足散射角的要求,消除池壁对测量的干扰。当安装点的液面受到现场条件影响,容易产生泡沫和可凝气体时,会造成非接触设备的测量误差,需要避免在此位置安装。安装时也应考虑检查井内是否有支管汇入,应避免支管汇入的水流影响导致的液位偏差。

8.2.8 接触式液位计安装要特别注意,除需采用保护管安装外,用在污水环境的保护管需采取防止堵塞和便于疏通的措施,并附加重锤或悬挂链条,同时安装保护管应设置基准面定位装置,便于传感器日常清洗维护后的重新安装定位。

8.2.9 如流量计上游侧有阀门、弯头、三通水泵等扰流件,应增大前置直管段长度。

8.2.10 电磁流量计测量时应保证满管,管道最高点及向下排空的管道可能存在气泡,影响测量准确度。

8.2.11 如果排水管道运行工况一直是满管,可考虑将传感器安装于管道顶部,既满足浸没在水中的要求,又可避开淤泥。

8.2.12 应防止雷达流量计传感器与水接触,导致传感器被污染,影响测量准确度。

8.2.14 分流水质监测设备采样的水质宜位于管渠中间位置,底部的水样泥沙含量较高,上部的水样可能存在漂浮的垃圾,应采集流动的水。

8.2.15 翻斗式雨量计翻斗发生抖动或倾斜的话,会引起较大的测量误差,应予以避免。

8.2.19 结构健康监测应根据监测设备的产品说明书要求安装,安装方式应牢固,安装工艺及耐久性应符合监测期内的使用要求;预埋形式安装应有冗余量,重要部位应增加测点;非预埋形式安装,宜便于监测设备的安装、维护和替代。

8.3 设备巡检与维护

8.3.1 排水管渠在线监测设备安装环境恶劣,较为常见的是监测设备传感器被垃圾覆盖,巡检清理能有效解决这一问题。因此,设备的现场巡检、维护工作应该是周期性的。有一些设备运行读数稳定,可相应延长巡检间隔。

8.3.2 在巡检与维护系统中可设定巡检路线、巡检设备、巡检周期等,操作人员根据提示完成巡检与维护工作。

8.3.3 考虑到环境腐蚀性,在巡检时,需要检查设备安装支架等是否生锈被腐蚀,是否松动;如松动,应及时进行加固。在线监测设备的电池使用寿命受到多方面因素的影响,监测点位通信信号不好、通信失败率高、通信频率过高、电池质量等都会造成电量的快速消耗,巡检时应分析电量消耗原因,及时对监测点位进行调整或对问题设备处理处置。

8.3.4 不同设备的巡检周期不同,例如非接触式安装的降水、液位、气体监测设备的巡检周期建议为2周~3周,浸没式安装的流量、水质监测设备容易被污染物堵塞,巡检周期应缩短,建议为1周~2周。

8.4 设备校验

8.4.2 现场使用的液位监测设备,在校验方面现在并没有明确的技术规定,需要结合现场使用的可靠性要求进行确定,应符合现行行业标准《液位计检定规程》JJG 971 的规定。

监测数值对比现场校验的数值,偏差在±10%之内,监测设备不需调整;偏差超过±10%的情况下,需检查安装是否规范。排除安装因素偏差超过±10%的设备需返厂校准。

8.4.3 流量监测设备校验应符合现行行业标准《超声流量计检定规程》JJG 1030 和《电磁流量计检定规程》JJG 1033 的规定,具体标准需要结合现场使用的可靠性要求进行确定。管道流量监测的现场校核非常重要且常被忽视,应在实际工作中重点关注。累积量校验是根据排水区域人口数、人均排水量、实测降水量、管渠汇水面积等条件,采用合理化方法计算得到一个时段内的总累积流量,作为累积量计算值,与同时间段内的累积监测总流量进行对比校验。累积量计算值的对比校验能较好的说明流量监测数据的有效性。当采用便携式设备校验时,不宜选择低准确度设备校验高准确度设备,比如电磁流量计的准确度高于便携式流量监测设备,不宜采用便携式监测设备校验,只能采用累积量校验的方法进行校验。

监测数值对比现场校验的数值,偏差在±20%之内,监测设备不需调整;偏差超过±20%的情况下,需检查安装是否规范,排除安装因素偏差超过±20%,设备需返厂校准。

因为流量测量要比液位测量复杂得多,所以提高了校验的阈值。

8.4.4 水质监测数值对比现场校验的数值,偏差在±10%之内,监测设备不需调整;偏差超过±10%的情况下,需检查安装是否规范,排除安装因素偏差超过±10%,设备需返厂校准。

8.4.6 气体监测数值对比现场校验的数值,偏差在±20%之内,监测设备不需调整;偏差超过±20%的情况下,需检查气体监测设备安装是否规范,安装位置是否位于气体不流动的角落,排除安装因素偏差超过±20%,设备需返厂校准。

8.4.7 结构健康监测传感器在正式运行后较难具备再次校验条件,故在正式通水前采用 2 次校验确保传感器运行正常。

9 数据分析与应用

9.0.1 由于排水管渠运行工况复杂、通信环境易受干扰、设备运行不稳定等多种不确定因素，存在异常数据等问题。若采用全部数据直接进行统计分析，得到的结果可能会产生较大的偏差而误导后续的问题诊断，影响决策的正确性。

9.0.2 异常数据包括未采集数据、非正常零值数据、超出正常范围的数据和超出正常变化范围的数据等。其中，未采集数据是指由于设备故障或网络故障未采集到的数据；非正常零值数据指在连续排水过程中突然出现于相邻非零值之间的零值数据；超出正常范围的数据是指数据的数值大于正常数据的最大值或小于正常数据的最小值；超出正常变化范围的数据指数值发生异常突变的数据。

排水管渠在线监测可实现分钟级的实时数据采集，数据量巨大，由人工方式对异常数据进行检索效率低且易疏漏，故应构建数据评价机制，由机器根据相关性、限值等规则对数据进行自动化评价，输出异常数据，并通过人工方式根据上述提示对相关数据进行清洗。

9.0.3 导致数据异常的主要原因一般包括设备标定有偏移、维护不到位、设备电能不足等。对数据异常的监测点位进行整改，之后才能对数据进行分析，否则将严重影响分析结果的准确性和可靠性。根据本标准第 7.2.1 条的规定，在线监测设备的监测时间间隔宜为 1 min～120 min，以 1 min 为例，每日应采集数据总数为 1 440 个，85％的非异常数据为 1 224 个，已经可以支撑基本分析。在极端不利情况下，异常的 216 个数据集中在同一时段内，且正好发生在高峰时，会造成 3.6 h 的数据缺失，可能会导致日变化规律无法分析,也会对日均值、日累积值产生一定影响,但仍处于可以接受的范围,但此时应强化数据保障措施,防止连续数据缺失,保证数据质量。

9.0.4 服务于运行调度的排水管渠在线监测数据分析与应用,宜包括下列内容:

1 通过在线监测数据分析,可以获得排水管渠流量、水质随季节或时段变化的规律,利用系统内调蓄池等排水设施削峰填谷,可以优化排水管渠的运行。

2 利用排水泵站处的流量、水质监测数据,可以分析得到排水系统的不同雨量下的流量变化规律、不同雨量下污染物浓度随时间变化的规律等,总结形成排水系统的降雨时污染物时空分布特征,与下游排水设施的运行负荷和水环境保护的需求相结合,可以优化排水泵站截流设施的运行调度,也可指导初期雨水调蓄池的建设规模和运行模式。

3 将排水系统内易冒溢点和泵站前池液位数据与雨量数据开展关联性分析,掌握排水管渠不同雨量下液位随时间变化的规律,优化雨水泵运行方案。

4 利用污水支线、干线的液位检测数据,可以分析得到污水支线、干线流量随时间变化的规律,可为污水干线限流运行下的运行方案编制提供支持。

5 利用在线监测数据,可为排水运管平台提供内涝水情预报、水质预报,支援调度决策、洪涝风险管理、应急预案制定等。

监测点位设置预警线和报警线后,在监测管理软件中会将在线监测数据与预警线和报警线进行对比,若超过预警线即发出预警,超过报警线即发出报警。经过一段时间的应用与实践,需要对预警报警阈值设置的合理性进行评估,若预警报警次数过于频繁且溢流、积水、阻塞、偷排等事件未发生,应适当提高阈值;若预警报警次数过少或不够及时,导致没有足够的时间采取必要措施预防事件发生,则应适当降低阈值。重新调整阈值后,应能够远程同步到在线监测设备,确保阈值调整的灵活性。

9.0.5 在线监测数据可以辅助排水管渠的运行监管,为运行、调度、应急事件的处理、巡检、维护等工作提供定量化的依据,从而合理制定计划、辅助管理控制,为排水管理提供科学支撑。

1 监测区域内旱天污水总管的累计污水量明显大于区域内供水量或污水管道内 COD_{cr} 浓度明显低于排水户的平均排放浓度,可预判区域内存在地下水等外水入侵。可根据管道内 COD_{cr}、氨氮等污染物浓度和排水户平均排放浓度的比值计算外水占比。

2 存在下列情况可预判区域内存在雨污混接、污水溢流的可能:

1) 持续 3 个旱天后,雨水管道内有水流动;

2) 持续 3 个旱天后,雨水管排放口有污水流出;

3) 旱天时,雨水管道内 COD_{cr} 浓度下游明显高于上游;

4) 旱天时,雨水泵站集水井水位超过地下水水位高度或造成放江;

5) 旱天时,在同一时段内,雨水泵站运行时,相邻污水管道水位也会下降;

6) 雨天时,污水井水位比旱天水位明显升高或产生冒溢现象;

7) 雨天时,污水泵站集水井水位较高;

8) 雨天时,污水管道流量明显增大;

9) 雨天时,污水管道内 COD_{cr} 浓度下游明显低于上游。

具体雨污混接点及混接量大小应根据长期监测的雨量、液位及流量监测数据对比分析确定。

3 当晴天时上下游同口径的污水管道上游流速明显大于下游流速或上游有害气体浓度明显高于下游,可以判断存在管道淤积,应落实管道疏通等清淤措施。

4 实时对比排水户污水排放标准及在线监测数据,当污染物总量或浓度达到排放限值时,通过平台发出报警;同步分析排水户排放污水的超标情况,对分析认定超标排放的排水户,及时向水务执法部门推送超标信息。

5 利用排水管道的监测数据,筛选检查井发生冒溢的降水场次,选择对应的最小降水强度,依据监测区域对应的暴雨强度公式计算该排水管道的实际运行重现期,与当地排水规划或设计确定的雨水管渠设计重现期进行对比,验证是否达标。利用易涝点监测数据,筛选发生内涝积水的降水场次,选择对应的最小降水强度,依据监测区域对应的暴雨强度公式计算该监测点的内涝防治重现期,与当地内涝防治规划或设计确定的内涝防治设计重现期对比,验证是否达标。

6 排水管渠属于地下工程,具有很强的隐蔽性,运行风险、安全隐患等问题不易被察觉。运行过程中可能出现的主要风险事件包括爆管、污水冒溢、地下结构破坏、闪爆、水质超标等。通过开展多点位的在线监测,利用液位、流量和水质监测数据应用分析,可在管渠运行过程中,掌握管渠运行情况,定期判断是否存在带压运行、超负荷运行等问题或是管道淤积、堵塞、塌陷等情况,定量评价运行风险,能够及时对风险区域进行处理,降低风险事故发生的可能性。

排水管渠的运行状态可分为安全(绿)、关注(蓝)、预警(黄)和危险(橙)四个等级,应根据在线监测数据,自动判断排水管渠运行状态等级。不同级别处理方式如下:

关注级——应在一定时期内核查、确认;

预警级——立即安排检查、核实;

危险级——立即安排检查、核实,在现场情况查明后,应组织有关各方进行专题会商评价提出解决方案。

7 排水管渠内运行时,污水中散发的甲烷、H_2S 等气体易集聚在井室等设施部位,利用气体监测设备可长期观察有毒有害气体集聚情况,避免事故发生。

8 利用管渠结构的响应数据来分析结构物理参数的变化,

进而识别其结构损伤的过程,分析结构当前的工作状态,评价其安全等级。损伤识别可采用静力参数法、动力参数法、模型修正法、神经网络法、遗传算法、小波变换希尔伯特-黄变换方法等。安全评估可采用层次分析法、极限分析法、构件可靠度分析法、体系可靠度分析法等。评估应结合排水管渠的设计工况和实际运行情况,反映其运行状态和潜在安全风险,为管渠的日常调度、安全预警和修复工程提供依据。可采取 CCTV、QV、声呐、三维激光扫描、地质雷达法等检测手段进一步核查以防造成误判,若确定发生结构损伤应及时开展安全评估工作,识别其结构损伤的过程和程度。

9.0.6 基于排水模型率定验证的排水管渠在线监测数据分析与应用,宜符合下列规定:

1 根据排口流量监测数据,筛选典型降水场次,分析评估对应汇水面积内的产流情况,包括场次降水产流和长期累积降水产流情况,可为排水水量模型的率定与验证提供支撑;排水管渠排口或下游主干管的水质监测数据,可为水质模型的率定与验证提供支撑;在线监测数据还可作为排水模型边界输入水量的数据源。宜根据纳什效率系数判断模型率定和验证的准确性;水力模型纳什效率系数宜大于或等于 0.8,水质模型纳什效率系数应大于 0。

纳什效率系数(Nash-Sutcliffe efficiency coefficient, NSEC)一般用以验证模型模拟结果的好坏,按下式计算:

$$E = 1 - \frac{\sum_{i=1}^{n}\left[y_s(i) - y_o(i)\right]^2}{\sum_{i=1}^{n}\left[y_o(i) - \overline{y}_o\right]^2} \tag{1}$$

式中:E——NSEC 值;

n——序列过程的数据个数;

y_s——模拟值;

y_o——实测值;

$\overline{y}_o$——实测值的均值。

纳什效率系数取值为负无穷至1,纳什效率系数接近1,表示模式质量好,模型可信度高;纳什效率系数接近0,表示模拟结果接近观测值的平均值水平,即总体结果可信,但过程模拟误差大;纳什效率系数远远小于0,则模型是不可信的。排水模型率定和验证的准确性主要根据模型模拟结果与实际监测数据对比的纳什效率系数进行判定,其中水力模型纳什效率系数宜大于等于0.8,水质模型由于目前普遍存在模拟准确度不高的问题,应达到大于0的基本要求。

2 建议对排水模型分片区开展率定和验证。考虑到模型参数在空间上的差异性,应在各排水分区合理布点监测的基础上,对各排水分区单独进行参数的率定和验证。

3 利用长期在线监测数据,一方面可对关键点位进行统计分析,定量评价排水能力;另一方面可结合模型模拟分析,进行规划设计和提标改造方案的比选,从而为后续方案决策提供客观依据,避免主观决策导致的不确定性。

9.0.7 服务于污染物溯源的排水管渠在线监测数据分析与应用,宜包括下列内容:

1 分析不同排水户、节点的流量、水质监测数据,总结形成污染物时空分布特征,建立污染物排放特征库,为后续污染物溯源奠定基础。

2 进行溯源分析是定位污染来源的重要方法。溯源分析应基于排水管渠的拓扑关系,利用液位、流量和水质监测数据,通过绘制管渠节点图等方式,分析排水管渠上、下游液位、流量和水质的变化情况,逐步缩小污染来源的范围,为污染来源的准确定位提供支持。

3 常规检测指标CODcr与SS存在较明显的相关性;旱天管道低流速情形下,CODcr在管道中易于沉淀。因此,管道上、下游检测点位CODcr浓度的降低,有可能是沿管道沉降所致,不一定完全是外来水量如河水、地下水稀释所致。雨天管道中流速增大时,管道淤积物冲刷也会造成 CODcr 的再悬浮,对污水管道的雨水混接判断造成干扰。因此,当选择 CODcr 作为特征因子时,需要注意排除管道低流速和雨天冲刷的影响。相比之下,氨氮、总氮、磷酸盐等主要为溶解态成分,更具有作为水质特征因子的优势。生活污水来自生活居住小区、宾馆、餐饮、办公、商业等,因此不同管段接入的生活污水浓度可能存在差异性,要综合通过水质和流量检测进行判定。

4 排水管渠溯源在线监测设备不宜在降小雨期间(降雨量小于 10 mm)进行连续监测,地表累积污染物冲刷进入污水管道,会造成水质检测判断的灵敏性降低,尤其是对于瞬时水质检测的情形。

9.0.8 服务于排水管渠运行状态评估的排水管渠在线监测数据分析与应用,宜包括下列内容:

1 污水管道位于地下,在正常情况下会有少量地下水入渗到管道中,但如果错接、混接或者管道出现破损入渗量就会显著增大;过多地下水入渗进入排水系统,会挤占管道设计输送能力,影响排水系统运行安全,稀释污水管道中污染物浓度,导致污水处理厂处理"清水",影响污水处理厂及泵站运行经济性。

利用监测点位旱天流量,可根据现场情况采用夜间最小流量法、用流量折算法、化学质量平衡法、模型评估法等方法,对该点位服务区内入渗情况进行定量分析,确定旱天入渗量,指导入渗问题的解决,提高污水厂运行效益。

夜间最小流量法计算入渗量,按下式计算:

$$BI = Q_t - (Q_t - Q_n)/(1 - X) \qquad (2)$$

式中:BI——旱天基本入渗量(m³/d);

Q_t——旱天日均总流量监测值(m³/d);

Q_n——旱天夜间(凌晨 2:00 至 4:00)总流量监测值(m³/d);

X——夜间最小实际产生污水量占日均实际产生污水量的比例,可采用凌晨 2:00 至 4:00 用水量与日均用水量的比例计算。

用流量折算法计算入渗量,按下式计算:

$$BI = Q_t - \sum_i^n k_i Q_i \qquad (3)$$

式中:BI——旱天基本入渗量(m^3/d);

　　Q_t——旱天日均总流量监测值(m^3/d);

　　k_i——第 i 个排水户的污水排放系数;

　　Q_i——第 i 个排水户的日平均用水量(m^3/d)。

化学质量平衡法计算入渗量,按下式计算雨水入流量:

$$BI = \frac{Q_t \times (C_污 - C)}{C_污 - C_{外水}} \qquad (4)$$

式中:BI——旱天基本入渗量(m^3/d);

　　Q_t——旱天日均总流量监测值(m^3/d);

　　$C_污$——片区典型污水污染物浓度监测值(kg/m^3);

　　C——监测点污染物浓度监测值(kg/m^3);

　　$C_{外水}$——片区典型外水污染物浓度监测值(kg/m^3)。

基于水质的在线监测数据,可建立监测区域内特征污染物大数据库,根据水质指标进行分类整理,用于日常调度过程中水质异常时定量分析或溯源评价。

2 对于合流制系统,在雨天会有大量雨水进入污水管道,稀释管道中污染物浓度,增加污水厂处理量,影响污水厂运行效益;当雨水进入量过大时还有可能造成污水溢流、直排进入受纳水体,对区域水环境带来影响。对于分流制系统,污水管道正常运行情况下,不应有雨水进入,但由于存在雨污混接、错接等问题,同样存在雨水混入污水管道的问题。无论是合流制还是分流制管渠,都需要定量确定雨水的入流量;对于分流制系统,当监测点位覆盖密度较高时,可以进一步定位雨污混接所在污水管道区段,从而进行有针对性的治理与改善。

利用单次降雨过程的监测数据,按下式计算:

$$RDII = Q_R - Q_D \qquad (5)$$

式中:$RDII$——雨水入流量(m^3);

$\quad Q_R$——降雨期间累积流量监测值(m^3);

$\quad Q_D$——降雨时间段对应的旱天累积流量均值(m^3)。

利用统计的日均旱天和雨天监测数据,按下式计算雨水入流量:

$$RDII = AQ_R - AQ_D \qquad (6)$$

式中:$RDII$——雨水入流量(m^3);

$\quad AQ_R$——片区雨天日均流量监测值(m^3/d);

$\quad AQ_D$——片区旱天日均流量监测值(m^3/d)。